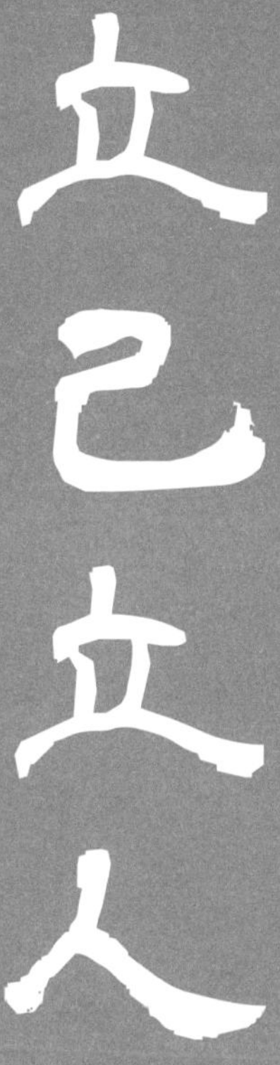

與CEO對話

陳志輝　潘嘉陽　麥婉君　謝利
編著

中 華 書 局　　香港管理學院出版社

本書之出版承蒙
「左右圈學院」慷慨贊助

序

「與 CEO 對話」是香港電台第一台每年舉辦的節目，2023 年度的節目是第二十輯。為紀念這個節目已面世二十年，我們特別邀請二十年前曾經接受訪問的胡應湘爵士和陳啟宗先生再度接受陳志輝教授的訪問。

每次錄影的時候，教授、校友、同學、好友們與嘉賓都真誠對談，討論待人接物成功之道以及因應時勢應變之法。節目錄影後，先後透過電台、電視、報章、書籍以及各式媒介例如臉書、領英和微信等，與大眾分享每位 CEO 的珍貴經驗和見解。

這一輯除了上述兩位人士，我們還訪問了陳澤銘先生、黃光耀先生、陳嘉賢女士、金澤培博士、張德熙先生及任景信先生。感謝他們無私地分享他們的真知灼見予廣大讀者。

本節目得以順利舉行，有賴一眾來自不同課程的同學、校友和好友們的鼎力支持。本書在編輯期間也蒙多方協助和支持，包括「左右圈學院」同仁、謝利女士、張玉嬋女士、嚴君南先生；另外，我們也要感謝各受訪者提供部分照片及說明。中華書局（香港）有限公司黎耀強先生緊密跟進出版流程，我們在此也一一致謝。

陳志輝
潘嘉陽
麥婉君
謝利
2025 年 4 月 8 日

目錄

01 與胡應湘對話

我們應該腳踏實地，為那些真正中低收入的市民解決居住問題。如孟子所說，以民為貴。孟子兩千多年前已經看到，要解決到人民的問題。

胡應湘（Gordon Wu）是的士大王胡忠的兒子，中學時期就讀香港華仁書院，1958 年畢業於普林斯頓大學，獲土木工程學士學位。畢業之後他回到香港，在私人和政府機構任職四年，邊學邊做，考取建築師資格。其後全力協助父親發展家族業務，1963 年創辦合和建築有限公司，將家族事業由出租車隊轉向地產投資，1972 年創辦合和實業有限公司，並在同年上市，主要業務包括基建投資、物業租賃、酒店營運及管理、餐飲營運、建築及項目管理等。Gordon 本身是土木工程專家和建築師，合和的很多工程都由他親自審定。1980 年建成、高六十六層的合和中心，正是他的代表作。

作為國家改革開放之後第一批進入內地投資的企業家，Gordon 在大灣區參與了多個大型基建項目，包括廣州中國大酒店、廣深高速公路、沙角電廠、虎門大橋等，並且是第一個提出興建港珠澳大橋。2018 年 10 月港珠澳大橋正式通車，由籌備到建成歷時長達十五年。Gordon 一直在風口浪尖上力排眾議，早在 1997 年向時任特首董建華提議東大嶼山填海計劃，以解決長久以來香港土地不足的癥結問題。

左起
陳志輝、胡應湘、張璧賢

嘉賓　胡應湘（合和實業有限公司主席）

主持　陳志輝、張璧賢

對話日期　二〇二三年十月十五日

本章重點

港珠澳大橋項目的起源和意義

香港土地問題和大嶼山填海

家國情懷：建設國家和香港

內地建設的先行者

赴美讀書學習

父親的言傳身教

借錢還債的忠告

合和公司的成立

合和一期和二期項目

失敗的項目和教訓

夫妻相處之道

張：張璧賢
陳：陳志輝
胡：胡應湘

·港珠澳大橋項目的起源和意義·

張：很感謝你二十年前成為「與 CEO 對話」的嘉賓，在二十年後的今天再次接受我們的邀請。當年你曾經説過，希望有一天你的寶貝 —— 港珠澳大橋 —— 能夠建成，如今大橋終於在 2018 年通車，這會不會是二十年來你最開心的事情呢?

胡：確實是很期待的事情。為甚麼我提出建港珠澳大橋呢？因為香港一定要依靠內地做後盾，交通是非常重要的。所以 1979 年鄧小平提出改革開放後，我就提議建高速公路、虎門大橋等。我對香港提出了兩項很重要的意見，一個是交通，加強與內地的聯繫；另一個是香港需要解決土地和居住問題。所以 1997 年董建華做特首的時候，當時我和他已經認識了幾十年，我對他說，你想管理好香港，必須解決香港的房屋問題才行，如果市民的薪金有太高的比重給了地產，去買樓、供樓或者租樓，會造成社會不穩定。要讓普羅大眾住得舒適，而租金不會太高，這是最穩定的方法。沒有地怎麼解決呢？我說，不用讀博士，學習和抄襲別人就可以了。港英時代也一直在填海，最初在油麻地、官涌，還有灣仔、紅磡、荃灣、葵涌等。我提出，東大嶼地點最好，因為那裏水淺，可以開山，用來填海，一石二鳥。可惜有很多人反對，又有種種原因，但是我相信香港一定會在東大嶼填海，否則解決不了住屋問題。

張：二十年之後我再訪問你，看看你的願望是否可以成真。

胡：到那時候我一百零七歲了。

陳：我剛認識你的時候，港珠澳大橋其實是岌岌可危，沒有多少人談論，反而有很多人反對。我看最嚴重的反對就是默不作聲，等你先把建議提出來，看我怎麼拖垮你。而你為甚麼這麼在意一座橋？這座橋有甚麼意義呢？

胡：橋代表效率。如果不用橋，也有幾個方法，可以坐船，游泳也是一個方法，如果水淺可以趟水過；但是如果有座橋的話，代表效率的增加。效率增加也代表財富的增加。除了橋，還有高鐵、飛機、高速公路，否則的話一條泥路就夠了。如果堵車、不通，就產生不了財富效應，所以效率是很重要的。

陳：我經常關注世界的發展，最近在電腦看了很多影片，在內地有很多橋、很多高鐵，一帶一路，風風火火，氣勢磅礴。而港珠澳大橋確實已建好了，但為甚麼我沒有這樣的感覺呢？是否未竟全功？

胡：橋是建好了，但是三地政府各有自己的想法。香港就說怕堵車，要限制橋的使用。澳門也怕堵車，但找到一個解決辦法，在澳門邊界修建一個大型停車場，可供停車。珠海就說我歡迎。香港很奇怪，花這麼多錢建了一條橋，卻限制使用。有沒有想到在橋邊建一個大的停車場？現在有沒有我不知道，這是應該早做的。不過，我只是升斗市民，地方政府政策這件事情，你說它不對，拆人家的台不是很好的一件事。

·香港土地問題和大嶼山填海·

陳：我有一個問題，通常地產商都希望地價貴，但是你提出的意見，好像跟自己的錢包對着幹。如果很多人入住公屋，發展商的利潤會不會下跌呢?

胡：這個是錯誤的想法，因為普通市民的收入呈 Dumbbell Curve 三角形，小部分人的收入上億，大部分人在三角形底部，如果大部分基層人群收入高一些，就有能力購買好一些的住宅。我們做地產不是做最底的一層，而是做中上階層，這些人愈有錢，我們的業務才更繁盛。

張：這是一個很前瞻的想法。我們以為土地供應少一點，地價自然上升，你們應該會多賺一點，但是 Gordon 的想法絕對不同。不過你的想法，對現在主流社會的意見，也有一點衝擊。近幾十年來環保界很多朋友很關注保護海港，認為海洋生態同樣重要。城市發展要解決房屋問題，是不是很難與環保政策取得共識和平衡呢?

胡：你知道我是升斗市民、是工程師，我認為有需要的東西就說出來。幾十年前，我看到內地需要高速公路、需要電力供應、需要酒店，就向內地政府提出，現在改革開放了，我們可以幫你搞好經濟。看到香港的需要，我也說出來，香港不夠土地，唯一的方法是開山填海。

張：政府在這個問題上是不是應該聽聽升斗市民的意見? Gordon 所説的就像是一加一等於二的淺顯道理。交通便利，經濟自然會發展。但是為何很多顧問提出不同意見，還有這麼多阻力？Gordon 很厲害，1983 年已經建議興建港珠澳大橋，2003 年才初步拍板，由籌備到通車用了十五年，很多事情已經落後了，是不是？

胡：當然了，我們看到深圳有過千萬人，他們解決了房屋問題。現在香港迫切解決的劏房問題，不外乎一百幾十萬人而已，怎麼會解決不了？以香港的財力、香港人的智慧和技術，一定能夠解決。現在香港的住房是全世界最貴的。我們應該腳踏實地，為那些真正中低收入的市民解決居住問題，不應該只住幾百呎樓。如孟子所說，以民為貴。孟子兩千多年前已經看到，要解決到人民的問題。

陳：如果你在 Google 輸入「胡應湘」三個字，可以搜尋一下他說過甚麼，當作一種學習。很少有人看得那麼透徹，當然看得通透的人通常是最辛苦的，因為人家不知道你說甚麼。

胡：你認識我這麼久，知道我對政治絕對沒有興趣，但是為甚麼我要研究政治？因為政府的政策影響到我們升斗市民。現在你問我怎麼看香港，我覺得最失望的是房屋政策。6 月份我剛回到 Princeton，對美國很失望，因為五十年代那麼高的收入，政府對醫療和教育很注重，但是現在它最大的稅收和支出去了哪裏呢？第一給債息，它借了 32 萬億，聯儲局還要提高；第二是福利；第三是軍備，它要獨霸天下。但是民生方面，例如基礎建設、教育、醫療等就「散」了。香港不用向北京上繳軍費和稅項，我們的醫療做得很好，這是好的方面，唯一的問題是住房，如果好好解決房屋問題，香港可以競爭贏過任何地方。

·家國情懷：建設國家和香港·

陳：孟子説：「民為貴，社稷次之，君為輕。」皇帝最輕，現在沒有皇帝，即是政府為輕。如果有一個地方，政府為所欲為，社會只能承受，便會民不聊生。我認識你這麼久，你不斷提出意見，但會不會也在刻意迴避一些問題？

胡：1958年我大學畢業回到香港，土生土長，父親也是在香港出生。香港這六十五年待我真的很好，所以我應該為香港做點事。遇到應該說和做的事情，我從來都是對公眾說出來。當年說要和內地溝通，說要幫助內地搞經濟，說要開山填海，我很早都已經說過，1997年以前已經提出。1997年董建華做了特首，我第一件事就是找他，告訴他怎樣解決。不過不在其位不謀其政，我最多只能提點，因為我不是官方，對方聽就聽，不聽我就先做自己的事。

陳：這樣做也有作用，因為我聽到了。所以二十年之後我再找 Gordon 是有道理的。二十年前提出的意見，有很多真的做了，但有很多真的太慢，我想來想去也想不通為甚麼。不過我還有一招叫「出口轉內銷」。就像孔子那樣，在自己的地方講不 OK，對方不聽，他就到處去講道理，終於成為萬世師表，可能比他做官更好。另一個問題，你到內地發展，究竟有甚麼契機？是不是旅行中看到甚麼？

胡：不是因為旅行，是因為當年我在美國時，是五十年代的艾森豪威爾時代，美國的經濟非常高漲。內地、香港、台灣、日本都沒辦法追得上，因為它的生產力極強，有最好的汽車，最好的雪櫃、機器，而德國和日本剛剛打完仗正在恢復。我回到香港，看到它的貧窮，就研究貧窮的原因。研究的結果，是因為中國在科技方面的發展落後了一百年。以前在宋代、明代，中國的生產力是全世界第一位；後來英國發生工業革命，靠科技，尤其是水蒸氣、電力機械的設計，生產力迅速提升，國家也富庶起來，而中國仍然在依靠土地資源。另外，1949 年以後，毛澤東推行計劃經濟，講平均分配，如果平均分配就一定窮。當鄧小平提出改革開放，我覺得中國有了契機。開始我也不明白，為甚麼鄧小平走這條路呢？上個星期還說有錢的人叫做階級敵人，要鬥爭的，現在就說要你們投資，當然有原因的。鄧小平那篇文章我看了幾遍，後來明白了，他在學日本的明治維新。日本 1868 年的明治維新改革之後，在甲午戰爭打贏了中國，在日俄戰爭打贏了俄羅斯，經濟發展很好。中國只要改革就有希望，因為中國人很勤勞、肯吃苦，結果四十年後的今天真正做到國泰民安。在這個過程中，要發展不是這麼簡單的，一定要有幾件事情的推動，一是科技的引進，一是資金的引進。我就想，從哪幾方面可以最快幫上忙？電力供應很重要，高速公路很重要。

·內地建設的先行者·

張：可以說，Gordon 是改革開放後第一批回內地建設的香港人，是先行者。當時第一個項目是不是中國大酒店？

胡：是的。因為看到內地的需要，酒店能夠最快見功。一開放肯定有遊客，香港人也一定會回去探親，香港和廣東的血緣很深，血濃於水，人們怎麼可以沒地方住？所以幫助廣州興建酒店，我很早就開始學做生意，又接受了工程師的訓練，後來拿到則師牌，但這些並不足夠。我研究發現，如果想發達，一定要替別人服務，提供別人需要的服務或產品，而你怎麼可以跟別人競爭呢？要比別人便宜、及時、數量足夠。另外，還要研究怎樣利用資金。

張：可否請 Gordon 給我們分享一下人生座右銘？

胡：我學習了美國大亨 JP Morgan 的一句名言：如果你想發達，要麼提供產品或服務，要麼提供資金。但是我想，為何不是既提供產品或服務，同時提供資金，雙管齊下？在內地的項目就採用了這樣的模式。

張：說到融資，你建沙角 B 發電廠，當時合和的市值是 10 億，但是你可以借到 40 億，找了四十多家銀行借。

胡：我出 3 億的資本，公司 10 億資本，我借到 33 億，11 倍，投入興建電廠。為甚麼可以借到呢？因為廣東省與我簽訂了購買十年電力的合約，如果我能成功發電，就保證了收入。我做了項目預算表，銀行認為計劃可行。當年內地電力需求很大，工廠開三停四 —— 三天開四天停，還有五光十熄 —— 五天開燈，十天熄燈。電廠發電兩個星期之後，廣東省馬上加碼，電力局長跑來香港找我，說還不夠用，規模要更大。結果我建的電廠發電量比中華電力更大。

張：除了發電廠，Gordon 還建造了廣深高速公路、虎門大橋等。當初你修路、築橋，遭到很多人反對，因為當時中國的經濟還很落後，是不是？

胡：在當時，那些人說的也有道理。一位年長的國內工程師好意對我說，胡先生你不要建，我們連單車也買不起，沒有這麼多汽車。但是我堅持要建，而且做六線高速公路，三上三下。當時的公路局長說我浪費，說四條線就夠了。我就讓他看數字，我跟你 BOT（Build、Operate、Transfer）三十年，開始時車會少一些，六線是浪費，但是到堵車要擴充的時候，四線就慘了，一是沒有收入，二是還要花錢再做，三是要被人罵，為甚麼停路搞擴建？我說六線的成本只比四線多 18% 而已，因為有很多成本是公用的，四線、六線都一樣，例如斜坡保護、分隔帶、路牌、立體交叉設計等。我做足了功課。雖然現在顯得笨，但將來是好事。另外還有路基問題，德國的標準是世界最高的 700mm，但沒有人檢查車的超重情況，我認為一定會超重、超速，700mm 是不行的，我做到了 1,100mm。當時也有人說我浪費，幾十年後，他們卻說我有遠見。因為我花了很多功夫研究，全世界搜集資料，做足保障。

陳：讓我說一點，曾幾何時我聽到「BOT」這個詞，在香港找人請教，每個人都說，找胡應湘吧，BOT 之王。為甚麼他是 BOT 之王？追根溯源，來自 JP Morgan 那句名言。當時內地發展既沒有錢又沒有技術建電廠，從客戶的立場、背景去思考，解決他的問題，這不就是左圈帶動嗎？即是我在書裏說的 need driven。找到需要在哪裏，解決這個問題，你就能做好生意。

·赴美讀書學習·

張：我們請 Gordon 選一張最難忘的照片，他選了這張，是很英偉、戴着四方帽的大學畢業照。

胡：我選的這張照片，是 1958 年拍的畢業照。當時畢業後做甚麼還不知道，六十五年後回頭看，我覺得還是比較滿意的。當年要畢業並非那麼容易，撐了幾年，成功通過考試才拿到學位，所以我覺得這張照片很寶貴。

張：1958 年到現在，一晃就過去六十五年了。為甚麼這張照片是你人生中最難忘的呢?

胡：當年去到美國，當然比香港先進很多，進到大學，根本不知道能不能畢業。只有兩個方法能出來，一是被開除學籍，另一個是正正經經戴着四方帽出來。我幸運地戴了四方帽出來。雖然很困難，最終我也做到了。

張：為甚麼當年你會去美國讀書呢?

胡：其實我不想去美國讀書，我不想讀大學，十幾歲的時候拿着很多資料去說服媽媽，例如：讀大學的人不到 1%，很多人不讀大學也能成功等等。媽媽說不行，她沒有讀過書，說不讀書就永遠不會出人頭地，你要給自己一個機會才行。當然她贏了，我贏不了。幸好二哥

胡應湘的大學畢業照

那時候在哥倫比亞讀醫科，他循循善誘跟我解釋，你要讀大學，不要胡思亂想，我就只好勉為其難。我媽媽要我讀最好的大學。我們家裏第一個優先就是給學費，所以說媽媽很有遠見，我們九個兄弟姐妹都是她這樣供出來的。到了普林斯頓之後，看到那裏的人學識全都比我高，只好努力追上，但是我有自信心，最多熬出來而已，我可以大器晚成。你比我厲害不要緊，我慢慢追上來。畢業回到香港就慘了，看到雖然自己有個學位，但原來甚麼都不懂，便去加入另外一間大學，叫社會大學。要記住這幾個字：學以致用。不懂不要緊，從頭開始學，千萬不要說我是大學畢業生，甚麼都懂。

張：終身學習很重要，我們這個節目希望讓大家有機會持續學習、終身學習。剛才談到你被迫去了美國讀書，但是在這麼多專業裏，為甚麼選擇土木工程呢?

胡：哥哥叫我讀醫科，我當然不願意，因為醫科學生要解剖屍體，我的興趣不在那裏。我很喜歡數學，所以讀土木工程。我覺得全世界都一定要建屋，一定要修橋築路，所以我一定能找到工作。

· 父親的言傳身教 ·

陳：剛才你提到媽媽，我想問一下爸爸的影響。我經常把車停到胡忠大廈停車場，我很想知道，究竟從你的角度，爸爸給了你甚麼影響?

胡：爸爸是我很崇拜的人。為甚麼呢? 他讀書不多，只讀過幾年而已，但是他很勤奮。他最初從做的士司機開始。媽媽也很勤儉，他們用積蓄買了半輛車，即與好友合資買了一輛的士。爸爸的好友還沒結婚，他白天開車，晚上可以去玩樂。爸爸結了婚，負責夜班，沒機會花錢，晚上回家都已經半夜快天亮了。結果一年左右，爸爸的好友說，錢花光了，我的半輛車賣給你。後來爸爸從一輛發展到兩輛、四輛，到退休時已有378輛，都是勤儉所得，所以我很欣賞他的勤儉，對家庭負責任。

陳：我還是想不通。如果你說最後發展到五輛、六輛，我倒明白，但是發展到幾百輛，一定有個契機。那道理是甚麼呢？是不是他善用賺回來的錢，再作投資？

胡：就是一直滾存起來。家裏最大的開支是我們九兄弟姐妹的學費，但是仍能有積蓄。他教會我一件事情，是我從旁邊觀察他學到的。他說很多人買不起車子，但一定可以支付一段路程的費用。那時候我做電廠，也是根據這個宗旨去發展基建。很多人買不起電廠，但可以支付一度電的費用；飛機也是，你買不起飛機，但想去東京，你付得起那段路程的費用。

陳：現在這個觀念叫做甚麼呢？叫共用空間。買輛車回來，一群人共用，但是那時候哪有共用空間的觀念呢？這些是智慧、勤勞，窮則變，變則通。

·借錢還債的忠告·

胡：我看到當時內地需要電力，要怎樣去做呢？必須有相應的技術、相應的資金。我認為銀行的資金全部是貨品，放在倉庫不放出來便沒有發展。但是我也奉勸我們的後輩，借錢很容易，但還錢很困難。政府的廣告說「借錢梗要還，咪俾錢中介」，千萬不要以為借到的錢是自己的，它不是你的錢，你要還的。但是如果沒有這筆資金，你就做不到事情，所以借錢是「必要之惡（necessary evil）」，是沒辦法之下要用的辦法。最好你能在短時間內盡快還清借款；還不了的話，你的本金、利息，所有都會被收走。我們合和有個傳統，借到錢不會開香檳，還錢那天才開香檳。現在看到有很多大亨，特別是內房股公司，往往會借出巨債，好像不用還一樣，最終又要走重組、破產的路。我也曾借貸，我是計算好數字才借的。那時候借了 251 億私有化，我沒有手軟，但是私有化成功之後，我馬上就賣資產、減債。

陳：合和在 2019 年成立四十七年時完成了私有化，我想問一下，是甚麼驅動你私有化的想法？

胡：因為當時合和的股價是很便宜的，但資產價值很高，這對那些小股東不是一件好事，不公平。那我用甚麼辦法呢？私有化。首先給小股東溢價收購，讓他們批准，人人可以脫手，然後我就將資產轉賣出來，便能減債。

·合和公司的成立·

張：合和於 1972 年成立，現已成立五十一年。當年你從美國回來之後，主要是幫爸爸做的士生意，為甚麼會出現合和呢？

胡：當時我父親有點錢，他說我們可以投資做地產。我只懂得如何建房子，但不懂地產，所以就進社會大學。那時候還沒拍拖，因為身無長物，怎麼會拍拖？每逢周六周日我就通盤看香港各區，做些基本功，了解各地區有甚麼特色，研究建樓成本，研究分層出售怎麼做等等。

張：那時候看哪一區？

胡：到處去看，深水埗、油麻地……要知道那裏環境怎麼樣，建甚麼房子才合適。如果你去筲箕灣建豪宅就死定了。我全面學習基本功，研究建築成本怎樣計算、政府批則的程序是怎麼樣的、如何出售單位、賣樓怎麼做，學習怎樣借錢、借錢之後怎樣還，全套自己學。1963 年我開始做地產，1972 年公司上市。

·合和一期和二期項目·

張：合和成立到現在已經五十一年，有沒有一些你引以為榮的項目，可以跟我們分享？為甚麼會選合和中心這個位置？當時那裏有一個香港大舞台，是做大戲的地方。

胡：當時那裏有些土地出售，皇后大道東有幾間屋，價錢不是很貴，只有三四千呎，利潤不高。但是我看到它可以連接到堅尼地道，旁邊有些學校，加起來有五萬多呎。如果能買到這五萬多呎，興建高級寫字樓，我們有機會能賺到錢。為甚麼我有這樣的信心呢？我買地的時候是 1969 年開始洽談，那時香港政府宣佈興建紅磡海底隧道，顯示的路線是經銅鑼灣出來，連接中環，便利交通。全世界的地產都是講究三個字，即「location, location and location」，就是要交通方便。

張：但那時候的人不看好，認為所有商業大廈都應該在中環，一定要在中環。

胡：我研究了，當年中環買地要兩億多。當時的康樂大廈（Connaught Center，現稱怡和大廈〔Jardine House〕），五萬多呎要兩億多元，而我最後在灣仔收購合併了五萬多呎，只用了 1,500 萬元。地價比中環便宜，建築費大家一樣，所以我的成本可以低很多。而且我看到一點是中環無法和我競爭的，就是我的停車位比它多。停車的需求很大，我可以滿足。我認為中環雖然有好的地方，但是 Jardine House 周圍沒有店鋪，甚麼設施也沒有；而灣仔不同，出來就是春園街，非常多姿多彩，而且交通非常方便，有電車、巴士直達，後來又有地鐵。我跟銀行洽談，銀行說那是「蘇斯黃」之地，怎麼會成功？我就鼓起如簧之舌，告訴他，工業革命開始之前，人人都在從事農業生產；工業革命之後，全部人都到工廠上班；下一步是 Service Industry，服務行業需要寫字樓（那時沒有「在家工作」的模式，如今「在家工作」害慘了寫字樓）。所以我告訴他，人們一定要到寫字樓上班。我們建的商業大樓，地價比中環便宜那麼多，如果呎價賣 3 元，我就可以付利息，如果定價賣 4 元，我就可以還本金。我做了完整的現金流（cash flow），說明這一切不是空話。你猜那位銀行大班怎麼說？他說，我可不可以入股？我當然說：「No, just give me the money.」這就是合和中心的歷史。

陳：我想請問，為甚麼大廈建成圓柱形，是不是有特別的理由？

胡：是有特別的理由。第一，當時政府擔心影響皇后大道東的交通，要我們的停車場入口設在堅尼地道，就是在大廈的 17 樓出入。我沒有反對，因為如果在皇后大道東出入，就會失去一些商鋪位置，鋪位很重要。但是大樓 17 層以下背後的單位全都要面壁。在歷史上只有一個人面壁，就是達摩禪師。我把 17 樓以下作為停車場和冷氣機房就可以解決面壁的情況，然後從 17 層開始向上建高就沒有問題了。我不擔心建高，有海景會大受歡迎。

合和實業主席及董事胡應湘多年匠心耕耘，圓夢之作——合和酒店於 2024 年 12 月落成並試業。

可建六十多層樓，當時香港的樓宇還沒有這麼高的，所有人都質疑是否可行，有人還問六十幾層怎樣搭棚。所以我就研究並採用了滑模技術，不用搭棚，把模板用油壓升上去就可以了。另外，香港由於經常有颱風，對抵禦風力的要求很高，而圓形是體積最小且抵抗力最強的形體。所以你看飛機是圓的，潛水艇、水喉管一定是圓柱形。為甚麼設計成圓柱形？圓柱形的設計比較難，但是設計得好便很好用。

陳：這與你是工程師和圖則師二者於一身，一定有關係吧？但現在好像已經分家了。

胡：絕對有關係。我沒有分家，自己一力承擔，從買地、建屋、建築、設計、向銀行借貸、測量，一條龍，還要做財務、做銷售，真的需要甚麼都懂。

張：我們知道 Gordon 大學時修讀土木工程，但是你的建築師執照是自學的？而合和中心由你親自設計？所以說，在終身學習這方面，Gordon 是個表表者。

胡：是的，是自學建築師，是親自設計合和中心。你不懂就去學。古書說「不恥下問」，不懂就向別人請教，千萬不要裝懂。還有一句，「知之為知之，不知為不知，是知也」，是孔子說的。

張：合和中心保持最高建築的記錄達十年，是香港之光。最近有些朋友在談論合和二期。合和二期好像只聞樓梯響，到今天仍未建成，是甚麼原因呢？

胡：差不多了。那幅土地很難興建，因為全是山地，而且沒有連接的道路。不過最辛苦的時間已經過去了。那個地方要構思很久，要安排交通等等。我們有團隊，坐下來大家商議，集思廣益去解決。我想說，解決一個問題的時候，最大的困難是甚麼呢？首先你要認清楚問題在哪裏，如果不知道問題是甚麼，根本沒有辦法解決。知道問題之後尋找辦法，所有問題都必定有方法可以解決。我看到顧問公司通常介紹用複雜的辦法解決簡單的問題，而工程師則用簡單的辦法去解決複雜的問題。還有一點，不要怕重複思考，今天你認為問題已經解決了，但可能用了很笨的辦法；不用怕，明天你重新思考，回頭再想，所以不要怕重複思考。

·失敗的項目和教訓·

張：Gordon 很樂觀，很多問題即使很複雜，你也會嘗試簡單地處理。這五十一年來，有沒有一些問題對你來說非常棘手、艱難？

胡：就是泰國的項目。我們撇帳了幾十億壞帳，最後也沒有解決的辦法。也可以說有，忍痛中斷它就算了。就像醫生一樣，發現病患無法治癒，只能看着病人最後病逝。

陳：這件事有甚麼啟發？是因為準備不足還是認識不清？

胡：是認識不清。原來泰國的官員那麼樣黑暗，不守信用，因此就要小心一點。我太太很好，她只有一句：以後做事小心一點。

·夫妻相處之道·

張：你每天開開心心地上班，與太太的關係也很好，經常把她掛在嘴邊。最後可否跟我們分享一些心得？

胡：我在結婚第一天學到，是自己領悟到的，簽了結婚證書之後，就等於投降了。怎樣保持大家相敬如賓呢？就兩個字：「Yes, dear.（是，親愛的。）」你說的時候要堅信，with conviction，要真的相信這件事，這樣就一定沒有問題。而且太太把我照顧得很好，我稱她為「糧油進口管制」，我吃甚麼東西全由她決定。我們認識的時候並非很富有，但相處得很好，我們一直奮鬥到今天，她應該分享這份成功。

張：魯迅曾經説過，路是人走出來的。但是今天胡應湘對你說，當我們有路，自然會有人。他是我們的基建先驅，是實實在在推動中國實現先讓一部分人富起來的先行者；我們看到從珠三角的騰飛發展到今時今日的大灣區，今天的嘉賓合和實業主席胡應湘功不可沒。我們非常感謝你，多謝！

02
與陳澤銘對話

過去幾年香港面對很多挑戰，法律界也不例外，但現在可以將一些挑戰轉化成動力，去改善我們的制度，這是我們應有的積極態度。

陳澤銘（CM）並非出身於富裕家庭，母親曾在一所律師事務所擔任秘書，因此他自小已經接觸律師行業。在香港完成中小學教育之後，CM 為圓律師夢，負笈英國東倫敦大學修讀法學學士課程，其後轉到倫敦政治經濟學院進修法律碩士，並在車士打法律學院完成英格蘭及威爾斯律師會律師執業考試。1994 年 CM 返港，在羅文錦律師樓做見習律師，兩年後加入孖士打律師行，專注商業投資法、稅務、信託等相關業務。2004 年轉投嘉道理家族辦公室做法律顧問，管理其家族的私人資產。公司並支持 CM 到牛津大學修讀工商管理碩士，長期替家族服務。

CM 原本可以生活無憂，但在 2014 年踏入不惑之年的他，頓覺人生應該有更多可能，於是毅然辭工，到美國哈佛大學攻讀公共行政管理碩士。2016 年 CM 加入智庫組織香港政策研究所，擔任法治研究中心主任，並在同年成為香港律師會理事。2021 年 CM 更上一層樓，在有史以來競爭最激烈的香港律師會選舉中獲選為會長。近年社會政治氣氛對立，經歷不少風雨的律師會如何讓專業歸專業？誠如習近平主席在慶祝香港回歸祖國二十五周年大會中兩次提及，必須要保持香港的獨特地位和優勢，包括保持普通法制度。作為一會之長，CM 如何帶領一萬三千多名會員，拓展業務到大灣區以至一帶一路，配合國家發展大局，發揮香港的獨特優勢？

左起
陳志輝、陳澤銘、潘嘉陽

嘉賓 陳澤銘（香港律師會會長）
主持 潘嘉陽、張璧賢
對話日期 二〇二三年十月二十二日

本章重點

香港律師會的功能和作用
大灣區業務的新機遇
與時俱進推動律師會的變革
如何走上律師的人生道路
艱苦奮鬥的求學經歷
香港去與留的抉擇
像海綿一樣學習吸收
不斷開創新事業

潘：潘嘉陽
張：張璧賢
陳：陳澤銘

·香港律師會的功能和作用·

張：本節目進行了長達二十年，但是相比香港律師會歷史尚淺。香港律師會原來已經成立一百一十六年了。

陳：是啊，香港律師會成立於1907年，當時中國仍然是清朝，香港仍然是英治期間。

潘：一個組織的成立，通常都是為了一個宗旨或服務一些目標，香港律師會又是怎樣的呢？

陳：我也趁這個機會向觀眾解釋一下，因為市民有很多機會接觸到法律、接觸到律師。香港是跟隨英國的制度，有兩類律師：律師和大律師。其實沒有大小之分，大律師戴假髮、穿長袍，主要負責訴訟工作，或者提供一些法律意見；律師則負責所有其他的法律服務。香港律師會就是用來監管香港一萬三千多個律師、九百多間律師事務所的法定機構。所以簡單來說，香港律師會具有這一重要的法定功能。

張：監管和發牌的工作，有很多國家是由政府處理的，香港有別於其他地區，是不是？

陳：是的，在大部分國家，包括採用普通法，或者不是採用普通法的國家，政府其實有發牌功能。但是因為歷史原因，香港律師會是一個獨立的專業團體。獨立的意思是完全獨立於政府之外，財政獨立，收入來源是會員或其他的收入；我們也不隸屬於任何政府部門，所作的決定與政府並沒有直接關係。當然，我們與政府保持良好關係，政府推出一些新的法例、新的政策的時候，經常都會與律師會溝通，諮詢我們的意見。我們作為法律專業，當然會提供專業的意見。

潘：我聽聞在外國，律師這個團體多數是直接隸屬於政府的一個組織。

陳：我想兩個不同的模式各有好處。在政府的轄下，可能政府覺得監管的權力會在他們手中，他們的控制會多一點，對行業的規管可能會較為規範；而自主的意思是自己管理自己。我們自己發牌，如果有投訴，這個律師做得不好，濫收費用，在現在的制度之下，由我們自己處理，不會交給政府，所以這是所謂自我監管的制度。全世界其實已經很少用這種自我監管的制度了。

潘：除了和政府的關係比較密切，但不是直接隸屬之外，你們和甚麼團體或個人的關係最密切？

陳：我想最簡單的答案就是與市民的關係最密切，因為市民會用到一些法律服務，他們會去律師事務所取得服務。從政府的角度看，我讓你自己去管自己，你也要管得好才行，起碼能夠保障市民的權益。在這兩方面，律師會做了幾項工作：第一，律師會成立了一個專業彌償保險計劃 (Professional Indemnity Insurance Scheme)，如果市民用了香港律師的服務，而因為律師出錯導致損失的話，這個獨立的保險基金可用作賠償。現行制度之下，每宗案件最高賠償金額為 2,000 萬港元，基本可以保

工作需要，經常代表法律界與政府溝通。

障較大額樓宇買賣的損失，這是對市民的保障。對於政府也是重要的，可以加強市民和政府對香港律師會的信心。第二，作為監管機構和發牌機構，律師會要求會員成為香港律師之後，必須具備一定程度的專業水準。如果律師因為專業水準不足導致客戶有損失的話，我們會採取一些行動。香港律師會作為監管者，會從紀律方面去保障法律服務的水準。

張：剛才 CM 說到會費是由一萬三千多個會員繳交，同時監管也是你們的工作。你要得到會員的支持並不容易，會不會是一項艱巨的工作呢？

陳：這個問題問得太好了。香港律師會的歷史原因相當特別，有兩個角色。一方面，我們是監管者的角色，會處理投訴，甚至發警告信、處罰有關會員等，最嚴重的情況可以轉介審裁處，由獨立的審裁除牌。另一方面，我們的角色是工會，有責任為會員爭取權益。譬如大灣區有甚麼拓展的機會，我作為會長當然有責任替他們尋找機遇。我是由會員選出來的，在這幾個角色之間其實很難取得平衡。我每天都在學習怎麼平衡不同角色，我想這要終身學習。

·大灣區業務的新機遇·

張：剛才你提到要為會員拓展大灣區的業務。但是香港實行的是普通法，大灣區則是內地的法系，要進入大灣區不是一件容易的事。律師會扮演怎樣的角色，讓會員可以走進大灣區呢?

陳：這是一個很前瞻的問題，也是我每天思考的問題：怎樣在大灣區找到機遇？香港是全中國唯一實行普通法的城市，這個優點沒有任何城市可以取代。我很大膽地說，上海是一個非常漂亮的城市，發展得非常好，但是在採用普通法這方面，它是沒有辦法取代香港這一角色的。所以我們一定要珍惜這個制度。法治也是香港經常談及的核心價值，一百多年來普通法行之有效，有了這些基礎去大灣區可以做到甚麼呢？不少大灣區城市都以出口為主導，需要把貨物賣到其他國家。我們有個說法叫「法律先行」，做任何交易之前，你首先要簽署合同，貨物銷售到其他國家，在草擬合同、架構設計，或者解決爭議的時候，香港作為採用普通法的城市，就可以幫助內地的企業、大灣區的企業，發揮作用。國家的十四五規劃提出香港有八個中心，其中一個是法律和爭議解決中心。這是我們的目標，也是法律界最大的機會。

潘：除了幫助公司之外，如果市民在大灣區遇到法律問題，可不可以找你們幫忙？

陳：這是一個很熱門的話題。法律是很地域性的東西，香港的法律與鄰近地區未必一樣，例如澳門就已經不同。澳門是完全不一樣的司法管轄區，實行葡萄牙法，而且使用葡文，我是不可以在澳門執業的。但是最近國家有一個政策，准許香港和澳門的律師，透過考核可以去大灣區執業，我也第一批通過了這個考試。好處是甚麼呢？我有普通法的背景，在香港有執業資格，在英國有執業資格，現在我在大灣區也有執業資格。對於剛才潘教授說，一些企業走出去，我可以給它提供一站式法律服務。外資進內地的時候，透過香港的法律界，除了提供普通法的法律意見，我們現在也可以提供內地的法律意見，這個趨勢是最近這兩年才出現的。

張：我們講到「win-win-win」三贏，如果香港的律師通過這個考試，到內地執業，對於內地的同行來說，是競爭還是幫助的關係呢？

陳：這也是一個非常好的問題。我和內地很多法律界的同行經常保持溝通，大家的結論都是，我們並非競爭者。如果內地企業遇到純粹內地的法律問題，他們會找內地的律師。只有遇到涉外的法律要求的時候，才會來找我們。內地的律師只可以給出內地的法律意見，他不能給出中國境外的法律意見，所以牽涉到境外的法律問題時，香港律師就可以出來幫助內地企業。因此，香港和內地的法律工作者並非競爭的關係，而是一起做大這塊蛋糕。

·與時俱進推動律師會的變革·

張：香港律師會是一個自我監管的專業團體，而且一百多年來行之有效。但是與此同時，由於架構可能有一些規限，要改革和改變應該都不容易，是不是？

陳：香港律師會是根據法律承諾的自我監管的機構，政府其實沒有規定或甚少規限律師會的內部運作，基本上都是我們自己設計的。現時全職員工超過 100 人，有一位全職的秘書長，協助管理整個律師會，理事就是義工。有沒有甚麼問題？一定有，任何企業達到一定規模，都會發生一些問題，可能有角色衝突的情況，所以是不容易的。

潘：作為一家百年老店，我們經常説要與時俱進。在攻堅、改變的時候，遇到哪些困難？你又做了甚麼事情？

陳：我 2021 年上任，大家都知道 2019 年香港發生了很多事，社會事件也好，疫情也好，對整個社會的影響很大。對我們的收入也有影響，營運十分艱難。舉一個例子，疫情發生的時候，香港的法院停擺，不能繼續運作，帶來的影響很大。因為第一，在民事方面，不可以有訴訟，官司不能繼續打；更重要的是刑事方面，被拘留人士可能拿不到保釋，或者控方拿不到法庭的手令，去偵緝一個嫌疑人，導致嫌疑人可能已經走了。法院停擺了幾個月，對香港整個司法界、法律界的影響很大。經過這一次，香港律師會提出很多意見，司法機構也看到這個問題，開始積極考慮電子化，很多情況下未必需要親身出庭，譬如可否視像審訊，文件的傳遞可不可以考慮電子版？所以，回答潘教授的問題，過去幾年香港面對很多挑戰，法律界也不例外，但現在可以將一些挑

疫情之後立即外訪，跟歐美國家解釋香港法治的實際情況。

戰轉化成動力，去改善我們的制度，這是我們應有的積極態度。

張：除了疫情，近年來講政治，氣氛變得兩立，對香港律師會影響不小。剛才 CM 也說，2021 年香港律師會的選舉非常激烈，當時的情況是怎樣的?

陳：首先必須強調，我一直以來都認為香港律師會是一個獨立的專業團體。我們並非政治團體，你要談政治沒問題，不過就不是從律師會的層面來談。我們會回應社會議題，但是只會從法律角度回應。舉個簡單例子，你生病了看醫生，醫生不會因為你的政見，而給你不同的意見。法律界也是一樣。但是當時社會氣氛很對立，會員各有不同觀點，所以出現了一次非常激烈的選舉。因為社會衝突太激烈，媒體也報道得很厲害，甚至有狗仔隊跟蹤我。把很多並非法律的元素，放進了律師會的選舉。值得慶幸的是，現在高潮過去，似乎回復了平靜，我們可以回復專業表達我們的專業意見。

·如何走上律師的人生道路·

張：我們每次都會請嘉賓分享一張最難忘的照片。今天 CM 選來的照片非常溫馨，看到媽媽挽着他的手。CM 是一位很重視家庭的 CEO。說真的，我做這個節目的日子也不短了，還是第一次有嘉賓帶着爸爸來到現場。你會不會受父母影響，才完成了律師夢呢？

陳：很高興可以與大家分享這張照片。當時是 1989 年，我第一次離開香港去英國大學讀法律。離境時在啟德機場拍了這張照片。它對我來說非常有價值，因為是我第一次離開熟悉的環境，到一個環境和文化完全陌生的地方生活。我很鼓勵年輕人去國外闖一闖，當然現在到內地也是很好的機會。獨自生活、照顧自己，會令人加速成長，一年後回來時你已經是另一個人。

張：剛才你說在律師會的工作是免費的、當義工。這是壓力很大的工作，我覺得如果你缺乏高尚的情操，很難支撐下去。這份情操是否受到家人的影響？

陳：媽媽對我的影響很大。媽媽在一家律師樓做秘書，受僱於一位老前輩馮元鉞律師，我小時候她經常帶我去律師樓參加晚宴、聚會，潛移默化下我開始認識法律行業。我覺得律師很厲害，英文很好，穿西裝很好看，收入不錯。這些都是事實，更重要的是，了解加深之後，使命感就出來了。賺錢之餘，原來可以幫助社會、幫助弱勢社群，這是很有意義的事，律師當時也很受尊重，雖然現在可能差了些。我記得自己執業那年是 1996 至 1997 年，是回歸之前最後一批執業的律師，當時大約有三千多至四千個律師，現在已有一萬三千多人。人數增長得非常快。

潘：我認識的一些律師朋友，很多人是從讀香港大學開始的，當時為甚麼你會去英國讀書?

陳：很多人看到我今天的學歷，常說我是學霸，畢業於倫敦政治經濟學院、牛津和哈佛。其實正好相反，我讀書不是很厲害，在香港的會考成績只是一般，一個 A 幾個 credit 的水準。我真的不是謙虛。那時候香港只有一間大學有法律系，就是香港大學（現在已有三間），只有幾十個學位，不是最頂尖是進不去的。所以最簡單的答案是港大不收我。結果我去到英國，也沒有進英國頂尖的學校，第一個法律學士學位的 LLB - Bachelor of Law 是在 University of East London，那是一間不是太著名、位於東倫敦的較為小型的大學，但是它的法律是不錯的，學風也很好，它接收了很多較低收入家庭的學生，或者少數族裔。我很享受這裏的三年法律學士學位生活。

· 艱苦奮鬥的求學經歷 ·

張：剛才説到，去海外或者內地升學，最重要就是經歷，令年輕人成長。但是你的經歷不知道現在的年輕人能否承受，因為相當艱苦，對吧?

陳：八十年代的社會，爸爸供我到英國讀書其實很不容易。我家也真的不是很富裕的家庭。到了英國我就打工，兼職，在大學宿舍裏幫忙煎炒煮炸、清洗餐具，也曾經去過 nursing room 幫忙照顧精神病患者，總之靠打工增加收入。舉兩個例子，我先說第一個，當時八十到九十年代，長途電話費很貴，我想了一個方法，每天會在倫敦當地的電話亭，投進 25 便士打長途電話到香港，我已經跟爸爸約好，請他千萬不要接，聽到響一下我就會掛斷，接着會再打一次，又響一下，如是響三下，意思就是「Hello Daddy，我在這裏」。那三年就是這樣過的。

張：那三下就是說：我愛你。

陳：第二個例子是，英國的宿舍和租給學生的民居房間都很小、很冷。冬天的時候會提供暖爐，但是要投幣，一個 25 便士大概會暖五分鐘。我為了節省金錢，投幣後便蓋上棉被，這樣熱度可以維持一個小時。當時很珍惜得來不易的收穫。我希望做這個節目的時候，可以給年輕人兩點啟發。第一，我 A-level 考得這麼差，最後也能進到哈佛；第二，我不是很有錢，但是可以在外國留學。吃過這些苦得到的收穫，比我直接給你的更有價值。這番話送給現場觀眾之餘，也是說給香港的年輕人聽。過去幾年大家可能很不開心，對樓價高昂、社會氣氛等都有很多不滿。我回看過去三十幾年，其實社會真的沒有給我甚麼，都是我努力爭取回來的，所以堅持是有成果的。

與父親的關係好像朋友

年輕時曾代表香港青年軍到訪利物浦訓練營，並跟名宿合照。

·香港去與留的抉擇·

張：我有一個很想問的問題。你在倫敦或英國讀完了法律專業，是不是可以留在那裏？為甚麼選擇回到香港呢？

陳：這真是一個很好的問題，恰巧現在香港竟然又面對類似的情況，就是留還是走，留在香港還是去英國呢？當時我也面對這個問題。我畢業時是九十年代初，英國經歷經濟蕭條，與現在也挺相似。當時我想找見習律師的工作，找不到；最後在倫敦唐人街找到一間小的律師事務所，只處理移民事務，在那裏做見習律師。當時香港如日方中，國內進一步開放，有難得的機遇，很多外國公司都通過香港這塊跳板進入內地，回香港發展的吸引力大很多。加上回到中國人的社會，想吃一碗雲吞麵也容易一點，所以很容易作出選擇。

潘：還有一個問題，當時你怎樣選擇律師事務所呢？

陳：也是機緣巧合。香港的制度是，你讀完法律學位，要讀一年法律專業文憑，之後就可以做兩年見習律師，再申請成為正式的律師。當時有很多選擇，由於種種原因我加入了一間本地的華資所，叫羅文錦律師樓，它在本地律師事務所中很有名氣。當時的首席合夥人是羅德丞先生，是在政治和經濟方面都很有名、令人尊敬的律師前輩。那兩年過得很開心。我經常說做見習律師是最開心的，有工資收，不需要簽名，有老闆簽，也能學到很多東西。那兩年我好像海綿一樣，甚麼都學，由刑事到民事到訴訟。

受訪嘉賓攝於錄影當日

·像海綿一樣學習吸收·

張：這兩年間打好了根基，工作也開心，為甚麼你要另謀高就呢?

陳：剛畢業的年輕律師始終會重視收入，其他因素如工作環境、客戶資源，也是要考慮的。我很幸運，當時獲最大的律師事務所之一的孖士達律師樓聘用，加入商業法下面的信託部門工作。當時香港的律師事務所很少從事這個範疇。當時我的客戶在香港十大富豪之中，佔了起碼一半。一個這麼年輕的律師，竟然可以幫到這麼高端的客戶，其實也是機緣巧合。

潘：剛才 CM 說了一句話，他說好像海綿一樣去吸收。很多我們 MBA、EMBA 的學生，已經很成功了，還要清空自己，捏乾海綿，重新吸收學習。我從一間律師事務所學到一些東西，然後再去另一間事務所學習。我覺得這是作為商業領袖（business leader）需要有的一個重要的心態。

張：最重要是 CM 這塊海綿吸力特強，他本身也很願意吸收，求知欲非常強。但是，他應該還有另一個很特別的特質，讓他可以服務香港十大富豪當中的一半，後來甚至被收歸嘉道理家族旗下，被人私有化。講述這個因緣際會之前，我想問一下，關於服務富豪，有沒有心得可以分享？

陳：做信託或家族辦公室，是在幫一班很有資源的人，為他們提供很貼身的服務。難處是甚麼呢？第一，太貼身會有一些很個人的、情感上的東西，譬如說可能會生氣、發脾氣，家族成員之間有衝突，這是最麻煩的。在商界裏，絕大部分衝突用錢或錢的代替品可以解決，但是家族成員之間的衝突，往往解決不了。我學到的第一樣東西就是 empathy，你要有同理心，知道老闆為甚麼會有這樣的感覺，老闆的侄子為甚麼會有那樣的感覺，然後對雙方做所謂的調解（mediation），這是法律界一個重要的技能。我當時邊學邊做，在這個過程裏，我也學到作為一個 leader 的管理方法，用於律師會或事務所的工作。我喜歡用 authentic leadership（「真我領導法」）做管理，就是向同事呈現自己最真實的一面，而不是像偶像般高高在上，展現魅力的領導方法 —— 這種方法在某些情況下是需要的。加上我要讓他看到我想維持一個高的 moral standard（道德標準），大家知道老闆會這樣想，就不需要去 second guess（猜測），很簡單，你走正路就可以了。

張：這個是不是嘉道理家族將你收歸私有的原因之一呢？

陳：我也想借這個機會講一下嘉道理家族。我覺得它是一個很典型的香港重要的富有家族。他們是猶太人，一百多年前從伊拉克巴格達移居到印度、上海，在幾十年前來到香港，以此作為他們的基地。他們是猶太家族，但全部都有香港身份證，他們是愛香港的。如果有人問香港有甚麼本土品牌，其實最獲海外認知的就是半島酒店，它是嘉道理家族的掌上明珠，也是嘉道理爵士很重視的投資項目。

我很幸運在 2004 年左右加入了他們，當時我在孖士達律師樓，他是我的客戶，我是他的律師。後來老闆說反正要付律師費，不如我直接付給你吧，就把我私有化了。我在這裏服務了大約十年，從 2004 到 2014 年。我非常感謝嘉道理家族對我的培養、給我的培訓，給我機會去看不同種類的投資，不僅在香港也在世界各地。特別值得一提的是，猶太人很重視慈善，大家最熟悉的就是嘉道理農場。

·不斷開創新事業·

潘：我問一個標準問題，既然是這麼好的一份工作，為何要離開呢?

陳：嘉道理家族對我太好了，其實我有機會在那裏工作到退休的。當時我四十出頭，對於退休有點恐懼。我的人生是否就是這樣了呢? 雖然非常豐富，我對自己還是有要求的。因為我有法律背景，覺得除了為顧客提供專業法律服務，可能還有其他事情可做。所以 2014 年我毅然跟老闆說，我還是要離開一下，可能再讀書。同年我真的去了讀書。

2014 年我到哈佛讀了一個 Master of Public

Administration（公共行政碩士）。當時香港經歷政改，2014 年在談論一人一票選特首，當時中央給了我們這個機會。

張：你想選特首?

陳：當然不是自己去選，我是想參與香港人第一次一人一票選舉特首。我覺得自己公共行政方面的知識不夠，所以去哈佛讀了這個課程。課程很有名，香港政府每年挑選去進修的人，都是一些明日之星。（因為政治原因，現在哈佛已經不再錄取香港政府的學生了。）後來知道這項政改通過不了，香港沒有了一人一票選特首的機會，我有點迷失：要回去做私人執業，還是從政？我不太喜歡從政，但很喜歡做政策研究，最後選擇加入律師樓做兼職，仍然可以謀生，可以從事法律工作，成為顧問；同時加入香港政策研究所，做政策研究。對我來說是一個很不同的方向，就是剛才潘教授說的，要服務社會。香港給了我這麼多東西，我現在是時候回饋社會了。

張：你在 2019 年加入香港律師會作為理事，可不可以跟我們談談這個因緣際會?

陳：我是 2016 年加入香港律師會的。剛才說到香港律師會在社會上、法治上的獨特之處，我希望可以加入它的管理層和最高決策層的理事會，這樣我多年來的法律專業、MBA 專業、MPA 學到的東西，全部都可以在律師會發揮。我很幸運獲選進入理事會，2018 年當選副會長，2021 年當選為會長。

張：2021 年的選舉是社會熱話，有很多爭議或風波。在那個風高浪大的時候，你覺得能夠選出你的原因何在?

陳：我估計其中一個原因，是我很堅持香港律師會是一個專業團體，我們要保持這個專業，不可以把太個人化的感情，或者自身的政治理念帶進會內。另一方面就是剛才提到的同理心。我要想想，為甚麼我左邊的會員有這麼激烈的反應，他應該有原因的，他們都是律師、是專業人士；同樣，我右邊的同事為甚麼會這麼反感，或者這麼支持政府呢？用同理心去對待，一萬多個會員，我不敢說成功爭取到他們的支持，但是起碼在那幾年大風雨的時候，香港律師會平平穩穩地度過了。我個人來說其實頗有滿足感，起碼我可以滿足不同會員的要求。

張：感謝 CM 今天與我們做了一個很坦誠的分享。再次感謝今天的嘉賓，香港律師會會長陳澤銘。

03 與黃光耀對話

會做事不如會做人。我的人生座右銘：成功不一定贏在起跑線，任何人都可以發光，最重要是找對地方；千萬不要去比較，不要計較，也不要埋怨；要看到別人的長處，記住別人的好處，幫助別人的難處。

黃光耀（Ricky）出生在基層家庭，成長在大角咀的木屋區，一家九口，有五個姐姐和一個妹妹，都在鮮魚行學校就讀。Ricky 十二歲開始打工幫補家計，求學之路並不平坦。澳門東亞大學副學士畢業後，遠赴美國威斯康辛州大學綠灣分校攻讀會計，其後在麥迪遜分校完成財務碩士課程。1989 年 6 月 Ricky 剛剛畢業，香港正值移民潮，留美還是返港？

面臨人生交叉點的他，最終選擇回香港開展事業，並且在同年加入九龍倉集團。黃光耀在地產界由紅褲子出身，從管理見習生做起，經過三十多年，逐步晉升至部門主管，繼而晉身管理層。2010 年出任公司董事，2018 年晉升為常務董事，2023 年任副主席兼常務董事。Ricky 初入行時負責物業發展分析和可行性研究的後台工作，1997 年亞洲金融風暴前，轉向前線，負責物業銷售。隨着經濟大環境的逆轉、沙士和新冠疫情的來襲，經歷了低處未算低的艱難歲月。Ricky 如何帶領團隊打好一場又一場的逆境比賽？並非贏在起跑線的他，如何找到自己的方向，又如何透過學校啟動計劃 Project WeCan，為學習條件稍遜的中學生提供各種機會，同時兼任民政事務總署旗下「伙伴倡自強」主席，幫助弱勢社群體現社企共勉精神？

中排左起
張璧賢、陳志輝、黃光耀

嘉賓　黃光耀（會德豐地產副主席兼常務董事）

主持　陳志輝、張璧賢

對話日期　二〇二三年十月二十九日

本章重點

在艱苦的家境中堅韌向前

赴美留學，逆境取勝

回港的選擇和機遇

在會德豐的經歷及開拓突破

承擔公職服務社會

成功最重要的品質

人生座右銘

陳：陳志輝
張：張璧賢
黃：黃光耀

·在艱苦的家境中堅韌向前·

張：我認識 Ricky 源於 Project WeCan 計劃，一個幫助弱勢中學生尋找屬於他們的舞台的項目。今天的嘉賓 Ricky 其實也是出生於一個弱勢家庭，在木屋區成長。

黃：我在大角咀長大，爸爸在大角咀開辦山寨廠，家境不算好。家裏有五個姐姐、一個妹妹，全部就讀於鮮魚行小學，當時是一間新的校舍，上學免費，離家也很近，方便媽媽接送。記得當時學校鄰近油麻地避風塘，不少學生是漁民子弟，街坊經常笑我，說阿耀你在學校是不是學賣魚？我相信近年大家對鮮魚行學校有所認識，它經歷了 2004 和 2007 年兩次關閉學校的危機，已廣為人知。當時梁紀昌校長積極救校，希望校友幫助學校，我也在商界發起一些捐款行動以示支持，最終兩次都成功避免了學校關門。

陳：你當時怎麼看？幫助他們的時候心態是怎樣的？過程中又學到甚麼？

黃：當時沒想過有甚麼好處，只是想幫助母校。之後它度過難關，繼續培養出很多同學及出色的人才，也有同學今天成為我們公司的同事，很多事情都是意想不到的。

陳：其實意義很深遠的，每次你幫助一個人，都有反作用力。我知道你的物理很厲害，根據牛頓第三定律，所有的行動，千萬不要以為別人來找你幫他，其實他也在幫你。

黃：對，也能幫助自己。其實我也肯教別人，為甚麼喜歡教人呢？因為教人之前，你自己先要學好，久而久之學的東西就愈來愈多、愈來愈好。記得在大學的時候，太太的會計和數學不太好，為了追求女生，我就讀好這兩科，這樣自己也愈來愈厲害，成績也不錯。

張：雖然 Ricky 輸在起跑線，但我更相信「千金難買少年窮」。雖然有時我們會說貧窮限制了你的選擇，但我覺得它也給了你很多機會，因為你十二歲已經幫忙爸爸做事，很多工作都做過，這對於你來說是很好的磨練。你做過哪些工作，可以跟大家分享一下嗎？

黃：中一到中三暑期的時候我在酒樓賣點心，中四到中五在五金工廠做雜工。剛才教授說我物理的成績好，其實這也害了我。中三時我認為自己物理很厲害、數學很好，就選了理科，怎料不幸到會考考物理的時候，竟然沒有帶計算機。男生就是這麼大意，都不知道要自己準備，所以當時會考成績只有 D。

張：沒有帶計算機，考到 D 也不錯。

黃：如果有帶計算機，我起碼能考到 B 或 A。本來我預計在原校讀預科，因為數學不差，但當時總成績不達標，只能到一間私校升學。在私校的成績仍然不太好，所以我要重讀。白天工作，晚上就到夜校重讀，但公開試的成績還是不好。當時姐姐已經移民去美國，問我有沒有興趣去美國讀書，我婉拒了，因為第一不想加重家裏的負擔，第二也希望留下來陪伴媽媽。一次很偶然的機會，改變了我一生。那天我無意間看到報紙，澳門東亞大學開辦一個副學士的課程，而且是商科。我覺得第一是經濟成本低，不需要去美國；第二是副學士，最有趣是有商科。於是我報讀該校，怎料成績愈讀愈好，甚至爆升，好像找對了自己的舞台。

·赴美留學，逆境取勝·

張：成績爆升之後你完成了副學士，可以繼續在澳門升讀學士課程。但在這個時候，你遇上另一個人生交叉點。

黃：對，兩年之後很快就畢業了，太太提議我去美國升學。當時我看到家裏的經濟環境改善了，姐姐都已出來工作，所以就申請去美國讀書。但是求學的過程並不順利，我這輩子都是屬於不幸運的一類人。

陳：你的不幸運，之後你會認為是你的幸運。因為如果開始時很順利，你的逆境遲些會出來；如果你一開始就一直被打，你就要想想怎樣才能不被人打呢，要麼閃避，要麼自強。逆境可以令你訓練出一身好功夫。我讀過你的自傳，你後來做很多事情是因為看到很多人間的不幸。到美國升學的情況怎樣?

黃：我是不會閃避的，繼續前進。當時有一間心儀的學校，在威斯康辛州大學，自己本來有能力去，但陰差陽錯，去了名氣比較低的 Green Bay 學校。最初有些不開心，但這還不是最失望的，第一天去見輔導員（counsellor），他說你在澳門的商科學分我們不承認，要重新修讀。他只認可我在澳門讀副學士完成的 68 個學分中的 36 個，另外 32 個不認可。我問如果重讀要多久，他說正常需要三年。我在澳門已經讀了兩年，本來只需兩年就夠，現在要多讀一年。當時我很徬徨，想離開。

陳：是不是有一位教授在那時候出現了？

黃：是，很幸運，當時學校有一位香港的教授，我就向他請教解決的辦法。他說，在美國你可以參加所謂的挑戰考試，合格的話就會拿到學分。當時我就決定留下參加這個考試。我考了五科：會計、business、finance、marketing、economics，全部通過。看到考試這麼順利，我又報考了英國文學，因為以前讀過幾本書，最後總學分還多了幾個。最終我在 Green Bay 一年半畢業。教授還提供了一個辦法，如果第一個學期成績達到 3.5 分以上，可以拿到助學金。所以第一個學期我很努力，每晚都讀書，除了應付第一學期的考試，還要參加幾科挑戰考試。最後我拿到 3.6 分，也獲得助學金。

張：超額完成。這位教授是你的明燈。你用一年半完成本來要讀三年的課程，還在心儀的學校繼續升學。

黃：是的，因為省了一年半，太太建議不如再讀碩士。由於成績較好，我可以申請麥迪森分校，相對名氣比較高一點。用了一年半的時間，我拿到 MBA 學位。總共三年，拿到學士和碩士學位。這也給我新的感想，做一件事的時候，未必要一步到位，先去一間名氣低一點的學校，一步一步走，總有一天可以去到夢想的學校或理想的地方。

·回港的選擇和機遇·

張：你最後進入了夢想學校，也達成了碩士畢業的願望。這時候來到人生另一個交叉點 —— 去和留的問題。當時是 1989 年，你可以選擇留在美國，但最終選擇回到香港，做這個決定內心有沒有矛盾和掙扎？

黃：有的。相信大家都知道 1989 年的背景，我畢業的時候去紐約探望姐姐，她叫我留下，但是我覺得這麼多人出去了，我回去機會反而更多，同時也希望照顧媽媽，所以最終選擇回香港工作。

張：你碩士畢業了，成績也非常亮麗，在香港有不同的工作可以選擇，除了九倉集團的會德豐，港交所當時也提供了一個職位，兩個工作機會都不錯，為甚麼你最後選擇九倉？

黃：當時兩份工作都是管理培訓生（management trainee），那時九倉給我的感覺是很認真的，因為我經過五輪面試，最後兩輪面試九倉的工程。九倉除了地產、酒店、零售，還會開拓新的業務，比如電視、電訊，我覺得機會相當多，於是最後決定加入。我那一屆應該有二十五個管理培訓生，分配在不同的部門。我這次就很幸運，分配到地產發展部，跟隨當時的副主席李維仁先生，他一手帶領我成長；部門人手不多，因而令到我接觸到很多東西。

·在會德豐的經歷及開拓突破·

張：你本來專注在後台工作，到了 1997 年，突然有一個難得的機會去做前線的物業銷售。在應該大展拳腳的時候，卻遇上 1997 年金融風暴，這是不是你的第一次重挫?

黃：之前我一直做可行性研究和資料收集，屬於後台。轉了跑道之後，運氣不好正遇到 1997 年亞洲金融風暴。我負責的第一個推售項目是鑽石山的星河明居，有 1,600 個單位。記得 12 月 24 日賣樓，賣得不好，只賣了 200 個單位左右，不足兩成。那個年代都是發展商自己負責銷售，我就想，會不會需要找人幫忙，最終向公司提議找地產代理幫忙，獲公司同意。我們是 1997 年之後第一個找代理去合作，由於有代理的參與，銷售加快了，幫我解決了這個問題。

張：你說自己倒楣，我覺得可能也是。因為了到 2001 年，本來金融風暴之後可稍作喘定，但是擎天半島開售時，卻發生了一些事令你很頭痛。

黃：大家知道 2001 年發生了 911 事件。而我們當時的樓盤取了一個很好的名字「擎天半島」。有些行家取笑：「擎天半島，未賣先倒。」對於我來說是很大的打擊。那怎麼辦? 壓力很大，睡不着，就打開電視，不知道為甚麼這麼幸運，看到一部《十兄弟》，給了我啟發。自己不行，應該多找一些人幫忙，所以我靈機一動，邀請十間本地的代理，和一些國際的測量師行合作，希望打造成為一個國際性的樓盤。當時市場的反應很好，很短時間賣了六七成的單位。今天大家看到了，整個九龍站的配套是很完善的。

張： 2003 年 Ricky 在很短的時間內暴瘦 30 磅，對你來說最大的打擊是甚麼？當時是否是你人生的谷底？

黃： 當時我從 150 磅跌到 120 磅。1997 到 2003 年捱了六年多的時間，賣了很多樓盤。當時身心都集中在工作，壓力很大，所以就病倒了，我懷疑自己中了 SARS。當時孩子剛出生沒多久，大概兩歲左右。幸好老闆體諒，叫我好好休息。經過三四個月，我全面康復，可以回歸工作。但是記得有一刻，2003 年的 4 月 1 日，應該有十秒鐘左右，我是想自殺的，因為那時剛巧在電視看到張國榮離世。我覺得自己做得這麼辛苦，孩子這麼年幼，不要因病拖累了家人。但是第十一秒就想到，如教授所說的停一停，想一想。孩子還這麼小，太太還要我照顧，就決定放棄這個念頭。其實人生中有很多事情可以去做。這也改變了我日後的追求，不會過於注重工作，要有一些停頓，工作與生活平衡。

· 承擔公職服務社會 ·

張： 站穩腳跟後，如何幫助社會上有需要的人度過逆境？從這張照片，我們看到 Ricky 另一個人生的旅程。左邊這位可愛的小朋友，他的名字叫舜傑，今天也在我們當中。我們看到舜傑已經長大，他們有一段故事值得和我們分享。

黃： 2012 年我想教兒子打網球，就考了小網教練的教練牌。之後我向梁校長提出，可以在空餘時間教鮮魚行學校的學生打網球。當時校長安排了一批小四、小五的同學讓我去教，這是故事的開始。幾年後，2018 年有一次我去政府總部開會，途中有個年輕人走過來向我賣了一支旗。他說：黃先生，小時候你教過我打網球。當時我比較匆忙，沒有機會跟舜傑多聊，回到家裏找到這幅照片，是和隨我學習打網球的鮮魚行的學生在一起，之後我就通過梁校長聯絡到舜傑。

「助人自樂」：以往教他打網球的小朋友舜傑（下圖，後排右二）已長大並投身社會，亦因自小受到別人幫助的啟發，樂意幫助別人。

張：你已經很有心買了一支旗，還要聯絡這位舜傑？

黃：因為知道他願意做義工，服務社會，讓我很感動。我覺得要認識一下他。舜傑和我分享，這幾年他很樂意做義工、賣旗，在學校做過班長、組長，又做過一些社會領袖。他也對我說，由於我曾經幫助他，令他有自信，我相信他也願意去幫人，這是一個傳承。我希望能幫到人，他們再幫到其他人，這樣才可以使大家有共同的價值，大家去感染大家。

張：六年之後，當年的小朋友現在成為了會德豐的一員。這是一個很奇妙的旅程。除了會德豐，你在人生的另一條跑道 —— 公職工作得到了更大的發揮。我想問一下，你在會德豐的哪一年突然開始有新的嘗試，走出公司去服務更多的人？

黃：又是說故事的時間了。2008 年發生金融海嘯，市況淡靜。老闆說，Ricky 你有空了。我說不是的，我也很忙的。他問，你有興趣做一些公職嗎？我覺得如果有能力，也希望多做一些公職工作，幫助多一些人。當時就接納了這個提議。

後來老闆介紹我加入特區政府的中央政策組，屬於一個非官方的智囊團。當時不太懂得如何做，我們每個人都是跟隨劉兆佳學習。這也是我初次接觸不同的界別，有勞福界、社福界、政商界、政府人士、醫療界、教育界，令我大開眼界。

在參與中，我學會了幾件東西。第一是聆聽，因為過往作為公司管理層，通常都是我說、同事聽，但是在公職的場合，遇到的是我不認識的、商界以外的社會課題，其他人比我厲害，所以我就習慣了聆聽，聽他們怎麼分析事物。另外還學會一件事，就是如何與其他持份者溝通，這一點是很重要的。怎樣很好地參與，使其他人認同你的想法，並且一起向着一致的方向前進。我覺得公職這條路給了我一個新的舞台。

陳：中央政策組之後你參與了哪些公職？

黃：中央政策組之後接觸到多個不同的公職，都和我的行業相關。譬如香港僱主聯合會，我們作為一個企業，僱主、僱傭關係十分重要。也做過香港綠色建造協會，作為發展商，希望可以創造理想的綠建環境。第三個是地產代理監管局，我作為發展商，很多時候需要與代理合作。

陳：我有一個問題，剛才這三項公職會請你擔任，是因為與你的工作有關；但是「伙伴倡自強」項目一定有來龍去脈，它如何發現你的存在，又覺得你做主席會相得益彰？

黃：也是由別人介紹。2017 年有人介紹我加入這個議會，「伙伴倡自強」項目屬於民政事務署轄下，主要是撥款資助一些社會企業營運，理念也包括希望聘用弱勢人士。項目提供最高 300 萬的資金，支援三年的營運。這個計劃由 2006 年開始，到現在已經支援了超過 250 個項目，佔香港社企總數 600 間的接近一半，投放的資金超過 3.4 億，聘用了六千多位弱勢人士。

張：Ricky 難得的地方，是你進了議會和這些機構，一般審批都是看文件，但是審批「伙伴倡自強」計劃時，你不單是看文件和面試，還走進他們的店舖，了解他們的工作情況。這是在做額外的工作吧，需要這樣做嗎？

黃：當然要。說真的，我相信我們做生意的人看社企的營運是很適合的。我 2017 年加入，當時是委員，負責審批申請項目。2018 年我轉為主席，主要協調委員的意見，希望可以有共識。我做委員的時候，都要認真看完計劃申請書，有幾個我還親身到現場看。記得有一家叫樂柔美，業務是生產和銷售乳癌康復者的特製胸罩，做了切除手術之後使用。我覺得很有意義，便微服出巡，去太子的這家店舖實地觀察；作為一個男性有點尷尬，我就說太太叫我來這裏幫她買東西。看完之後發覺這家企業符合社企的精神，幫助弱勢人士，也聘用一些所謂復康人士，而且產品的價錢很優惠，很符合我們的理念。所以這個項目順利得到我們的撥款。之後認識了負責人 Angie，她今天也在這裏。交流之後，我給了她一些營運方面的提議，例如做多一些網上銷售、網上宣傳等。

張：商界的經驗或黃先生的經驗，對社企或新的 startups 來說是很重要的，可以使他們走得更遠，否則很多社企只是曇花一現。對於成功通過審批的社企，你會不會給

曾為「伙伴倡自強」社區協作計劃主席，多年來積極支持及推廣社企，為社企「度橋」。

一些意見，讓它們能夠持續發展？

黃：會的。經過幾年疫情，每一個社企的營運都很艱難，看你怎樣轉危為機。我記得有一個社企叫康姨小廚或康姨 Care，是扶康會屬下的機構，當時「伙伴倡自強」給了一些提議。他聘用了許多弱勢婦女，在新冠疫情之下，很多消毒清潔的服務或消毒產品要做，我們建議他們稍作轉型，多做這類清潔或消毒的工作。最終他們拿到城市大學一項科技，做深度的清潔，所有醫院、診所或學校都使用他們的服務。

張：即是由 B2C 去到 B2B？

黃：對的。很多時候社企有一個不正確的理念，就是社企不應該賺錢。我認為相反，社企可以賺錢，賺錢才可以持續營運，開拓業務，幫助更多人。所以我鼓勵社企要有賺錢的概念。另外，不要局限自己的市場在 B2C，B2B 也很大，尤其在今天的 ESG 年代，很多企業包括我們，都希望可以參與幫助弱勢社群。購買社企的產品和服務，已經符合 ESG 的精神。

陳：這裏我替你補充兩句：第一，社企不是要你施捨，不是要你大量投資才能生存，它要自己生存下來，生存之中要將弱勢變為強項，所以要找高手幫助出謀劃策。有沒有這樣的高手？是有的。所以不要吝嗇請人幫忙。你有需要就告訴我們，光耀兄或我。一定要有社會和企業的充分合作，有智慧的合作。第二，社企賺錢的問題，社企既然能夠找到存在的價值，可以解決問題、幫助別人，獲得尊重，就要繼續發展下去。為甚麼不能賺錢呢？你是管理利潤，又不是追求暴利。何況在這樣的環境之下，你根本找不到暴利的，有暴利的也不會是社企。

「學校起動」計劃培養同學正向思維，只要努力，凡事都「做得到」。

張：Ricky 除了在社企方面提供幫助，還通過 2011 推出的學校起動計劃 Project WeCan，幫助一些相對能力較弱、學習條件稍遜的中學生，為他們提供各種機會。這個計劃如何幫他們找到自己的舞台，發光發熱呢？

黃：這個計劃出於當時推行的升高中學制，香港有四百多間中學，升大學的比例其實只有 18%。我們的宗旨是幫助基層或資源較少的中學建立一個平台，讓企業去參與，所謂「商界入社群」。希望透過活動的安排和體驗，讓學生開拓視野、增加見識，增強自信心，在未來的道路上找到方向。

項目由 2011 年到現在，已經十二年，從最初有 10 間學校參與，到現在超過 82 間。有 72 個企業參與，受惠的學生超過 8 萬人。我們利用商界的力量，每一個企業都會配對一間學校，希望透過協作，他們自己可以安排活動，提供多些學習的元素給同學。72 個企業包羅萬有，有銀行、會計師行、建築師樓、零售等。最特別是我們有五間領事館：美國、德國、法國、瑞士、新加坡。透過這個網絡，給同學很多機會去接觸。更重要的是，因為同學對英文比較抗拒，我們有「English WeCan」，安排一些特別的課程，希望透過這些活動和體驗啟發他們，增加他們對讀書的興趣，對未來工作的路向可以有所準備。

·成功最重要的品質·

張：你 1989 年回到香港，今年（2023 年）已成為會德豐副主席。回想三十多年的道路，看到你在會德豐的成功，總結起來，你覺得可以到達這個位置是甚麼原因呢？

黃：我認為最重要的是誠信，給予公司信任感，這很重要。我相信，在社會上任何一間公司、任何一個行業，誠信都是很重要的。我也希望透過誠信，令我的同事、我的客戶，或者我的商業伙伴，可以成為我的拍檔。我經常說，希望他們成為我的 QTP（Quality Trust Partner）。

張：之前談到你遇過很多逆境，在 2003 年、2010 年，甚至疫情以來，你都表現出你的應變能力。其實應變能力能不能通過培養或訓練生成？

黃：我覺得無法培訓，而是要從經驗或失敗中培養。我覺得自己習慣面對逆境，如剛才所說，最重要是停下來，思考一下，經常從不同的角度去思考解決的辦法。我覺得要學會利用團隊，沒有一件事情是靠自己可以完全獨立地完成的，最好就是依靠同事或身邊的朋友幫

凡事都以別人為出發點，不計較自己的利益，幫助其他人增值，時常與同事保持有效溝通，關係良好。

忙。所以我經常說，會做人比會做事更重要，這才可以做到事半功倍。我經常講加減乘除的道理：如果你永遠自己做，你多做一個小時，成果便會多一個小時，是簡單的加或減的關係；但是如果你會做人，找到其他人幫你，效應就會很大，是一個乘除的效應。我從年輕時出來工作至今，都是透過多接觸人，建立人際網絡，遇到自己無法解決的問題，就找一些人，看看他們能不能提供意見或幫上忙。我發現很多時候往往會有意外收穫，可以幫助我解決很多問題。

·人生座右銘·

黃：很多人聽我說過，會做事不如會做人。我的人生座右銘還有，成功不一定贏在起跑線，任何人都可以發光，最重要是找對地方；另外，千萬不要去比較，不要計較，也不要埋怨；還有，要看到別人的長處，記住別人的好處，幫助別人的難處。

張：今天你為我們選來的書是 *Give and Take*。

黃：*Give and Take* 這本書是朋友介紹給我的，作者是 Adam Grant。他把人類分成三類，第一類是給予者（Giver），這類人很願意幫助人，不怕吃虧；第二類是索取者（Taker），喜歡佔便宜，這類人你幫了他，永遠不會有回報；第三類屬於牆頭草，搖擺不定，他們要進行對等的交易。在今天的社會裏，大家都在講合作和共用。如何成為一個成功的 Giver，有三個提議可以給大家：第一，不要計較自己的貢獻，盡量去看別人的重要性；第二，多一點去聆聽，包括你的下屬或同事，都可以聽一下他們的提議；第三，每天利用三分鐘、五分鐘時間去做一個小幫忙，幫助身邊的朋友，你自然就可以成為一個成功的 Giver。

陳：Giver 是很重要的，但是你要有智慧，不要無分別給予任何人，否則是浪費了資源。智慧就是我給了那個人，是希望他做好那件事，他做好之後賺到錢，繼續再做好，幫助其他人。你不是要賺最多的錢，而是要幫最多的人。佛家有句話，叫做慈悲與智慧。純粹慈悲沒有智慧，是不行的；只懂賺取很多東西而沒有慈悲，也不對。你一直講四個字，「薪火相傳」，令世界更美好。這些不能用錢來衡量，但是沒有錢也是不行的，所以要很有智慧地辦社企。

張：Ricky 絕對不是贏在起跑線，人生中也經歷了很多逆境，但是我相信他絕對是一個很強的領導者，強在他懂得欣賞別人，強在他相信自己的團隊，也強在他重視人

錄影當日，眾人合照。

際的網絡。我記得《弱連結》這本書裏説過，除了親情、友情、愛情等強連結以外，弱連結是更加重要的，因為它有助拓展你的人際網絡，讓你的舞台更大，可以幫到更多有需要的人，而且你可以透過索取來給予，take and then give。很感謝今天的嘉賓黃光耀的分享。多謝！

04 與陳嘉賢對話

我覺得做品牌也好，贏取團隊的信任也好，包括與四十一年的老臣子的相處，都是必須經歷的事情。但你不可以害怕，要去做，去試，去體驗，去調整。犯錯要認，承擔後果，看準市場的需要，找合適的人去做事，保持終身學習，獨當一面處理好得到的資源。這些你不嘗試真的不會成功。

陳嘉賢（Karen）的父親是香港家電品牌德國寶的創辦人。Karen 在聖心書院讀到中四後赴美留學，先後在華盛頓大學和紐約大學取得雙學士和碩士學位，2007 年就讀香港中文大學市場學碩士課程，以優異成績畢業。

當年在美國畢業後，Karen 並沒有立即回香港，反而選擇在外打拼十年。轉折點出現在 2006 年，當時德國寶計劃在內地開拓生產總部，Karen 回流接管該項目，及後輾轉回到總部，負責集團整體市場及業務拓展策略，並且成功將品牌入屋。疫情期間，當大小企業緊縮開支時，德國寶選擇繼續拓展業務，更於 2021 年底開設一站式電器、廚櫃、傢俬及家品體驗店，將擁有四十年歷史的企業帶入新里程。

由熱水器品牌橫向發展多元化生活電器，Karen 與團隊如何帶領烹飪營銷新熱潮？從養生機演變出 Sparkle Collection，再到 Sparkle by Karen Chan 長衫品牌的誕生，又是一個怎樣的故事？

左起
張璧賢、陳志輝、潘嘉陽、陳嘉賢

嘉賓　陳嘉賢（德國寶集團有限公司執行董事）
主持　潘嘉陽、張璧賢
對話日期　二〇二三年十一月五日

本章重點

德國寶的創立
德國寶的轉型和發揚光大
為德國寶注入新猷
「Sparkle Collection」的華麗升級
「Sparkle by Karen Chan」的誕生
傳承家族生意的磨練和成長
加入家族生意所遇的困難和艱辛
感恩和分享

潘：潘嘉陽
張：張璧賢
陳：陳嘉賢

·德國寶的創立·

張：今集的嘉賓是德國寶集團有限公司執行董事陳嘉賢 Karen。Karen 是本季 CEO 節目中唯一的女嘉賓，而且是一位女工業家，很不簡單。德國寶於 1982 年成立，到今天已經走過四十一年了。應該說，Karen 是和公司一起成長起來的。我的第一個問題是，很多人都會問德國寶和德國有甚麼關係？是不是所有產品都是源自德國？

陳：爸爸在 1982 年、即四十一年前創立德國寶。在此之前，香港很少有自創品牌，當年比較流行拿個產品回來，做品牌代理，很少從零開始製造。爸爸在這個行業做了很多年，由最低層做起，生產、送貨、售賣、安裝、維修，都是從紅褲子做起的。

1982 年德國寶（香港）有限公司在香港正式成立，並與德國公司合作研發了第一代儲水式熱水器，同時在歐洲等地成功註冊德國寶商標。寶字的意思是 pool of hot water，而當時德國的產品是最優質的，德國寶就是最優秀的熱水器的意思。公司創立時，香港剛剛起飛，中產開始使用熱水器，我記得小時候洗澡要煲水，不是家家戶戶都可以擁有熱水器。

德國寶成立後的第一個十年，產品非常單一，只有熱水器。當市民大眾對你有了一定的認受性，公司才敢拓展其他產品。聽爸爸說最初十年最艱難，你必須屹立不倒，創出口碑。

到了九十年代，德國寶站穩陣腳之後，開始了第二個十年。公司開始發展多元化家電業務，將熱水器從浴室擴展到廚房，然後做煮食爐、抽油煙機。九十年代的香港還沒有煮食爐，只有火水爐或罐裝石油氣爐；沒有抽油煙機，只有抽氣扇。

我從爸爸身上學到的，就是自己慢慢去培養做品牌的 DNA。

潘：做品牌通常都有一兩個殺手級產品，我看到德國寶的陳國民先生第一個殺手級產品就是熱水爐，還有一個叫小廚寶，用於廚房。那時產品銷售是企業對企業（B2B），還是面向消費者市場（B2C)?

陳：我們的品牌先做企業對企業（B2B）。最初針對裝修界別，例如給裝修師傅、室內設計師用，接着就供給一些工程項目，包括公營、政府、私人的項目。有些公屋或居屋逐漸將熱水器、煮食爐、抽油煙機作為標配，因為屬於大型電器，很少家庭會購買。那時候生意是比較好做的，因為 B2B 的量比較大，完全不需要做零售客戶的市場推廣。做企業 B2B 要求的複雜性和深度比較高，涉及工程方面多一點；面向消費者的 B2C 市場營銷，則更着重人性化。

·德國寶的轉型和發揚光大·

陳：第三個里程碑是其後的二十年，我們開始向家庭推銷，決定權在家裏的老婆、廚房裏的 CEO。市場營銷歸根究底都是「知明喜行慣」的思維，是 4P 和 7P：Price、Product、Place、Promotion、People、Physical Evidence

和 Process。學到這個理論框架很重要，但是技術上如何實行？怎樣在不同的年代、不同的情景去演繹和提升？真的是一門學問。

張：由當初 B2B 的經營模式轉到 B2C，直接面對每一個消費者，你是怎樣轉化和提升的？怎樣踏出第一步？最大的困難是甚麼呢？

陳：選擇回來幫忙家族生意的時候，就報讀了中文大學的市場營銷學碩士。因為我一直在美國讀書、在美加工作，當年與丈夫一起回流香港時，真的不熟悉香港的市場，也沒有市場學的概念。最快速成長的方法就是邊學邊做，否則就算給你一個很好的平台，你也不懂怎麼使出武功的章法和獨門秘方。市場學的 7P 我至今還在應用。

當時我和丈夫從零開始，由 B2B 到創立 B2C 部門，第一件事就是打造好核心品牌。我丈夫是平面設計師（graphic designer），但是廣告公司和市場推廣有些不同，怎麼打造公司內部的品牌？真的要學習一些方法。

張：品牌建立的最大問題是錢，即「燒錢」，傳統來說就是打廣告。但對於一個進入第二階段的企業來說，可能是冒進的行為。你用甚麼方法去打造品牌呢？

陳：首先要讓老闆接受。我們家是工業背景，要工業家做品牌並非他們的舒適區，因為工業家講究精打細算、效率、省錢。花錢已經是第二個層次的問題。我爸爸也看到品牌如果不在自己手裏，有機會為他人作嫁衣裳。因為當你幫他人開山劈石做好香港市場時，品牌方很容易覺得可以拿回來做。我們能夠立足香港市場，是因為擁有自己的品牌。我們的自主權很大，我們做產品、服務，現在的核心是做 life style（生活風格）。

當你打造一個品牌，你就可以賦予你的品牌一個魅力。只要關乎「家有德國寶，生活無煩惱」這個理念的 life style，我們都可以引進在集團旗下。我們不止做浴室、做廚房，由進得廚房、出得廳堂，再做完衣食住行。我們用 life style，貫串整個集團旗下的生意。所以我覺得品牌的打造，是最長遠、最有機會可以延續發展的。

張：我對貴公司的認識來自家裏的一個光波爐，它甚至可以製作燒肉和叉燒，而且很香脆。正如剛才潘教授所說，有一些拳頭產品，可以為公司打造新里程。在產品研發和設計方面，你們是走在前列的，是否有一個龐大的團隊進行產品研發呢?

陳：是的，我們很注重推出新的產品，要用得到、多功能、一機多用、節省空間。香港的廚房真的很小，迫使我們的構思不僅要考慮產品的價格，而且要爭奪廚房的空間。我自己也是我們品牌的目標客戶，我們着重生活質素，要簡單，入得廚房，出得廳堂。不需要向米芝蓮大廚學，我們的產品可以用短片和 YouTube、文字說明等等手段，教廚房 CEO 做出接近米芝蓮水平的一兩道招數和菜式。

我們用這種心態和市場學的營銷概念，一切以客戶為導向，逐步改變了生意模式。如果只是從研發的角度、從發明的角度，就不夠貼地了。我們由 B2B 轉到 B2C 是逐漸轉變的，不是在一夜之間發生，也不是一定要二者選其一，就像在管道上，選擇電商還是實體店的問題，為甚麼不可以兩者共存? 應該是平衡互補，我中有你、你中有我的太極概念，不需要作取捨。

·為德國寶注入新猷·

張：德國寶的第三個里程碑是其後的二十年，也是貫穿了你回到德國寶的十七年。期間我們看到德國寶的巨大飛躍，由單一的廚房抽油煙機、熱水爐等，創出很多新猷，包括光波爐、韓式燒烤爐、氣炸鍋、養生機，橫向發展多元化生活電器，最終擴展到食住行全部包攬。2000 年德國寶開設了首家一站式廚櫃及電器陳列室。時至今日，德國寶產品在香港共有近千個銷售點，另外還有網上電商平台及展銷會。

在產品中，僅僅從養生機就演變出 Sparkle Collection，再到 Sparkle by Karen Chan 長衫品牌的誕生。我想問一下，養生機的名字這麼好聽，其實它和攪拌機有甚麼不同？有哪些價值提升（value added）？

陳：養生機是整個團隊想出來的。普通攪拌機是做混合，但我們這個產品是冷、熱、鹹、甜、乾、濕都用一部機，可以乾磨藥材，可以做熱的魚湯，連骨頭都可以萃取出來；如果是蔬果類，連纖維都幫你打爛；甚至如果長者有吞嚥困難，它可以把所有食材打至溶成湯，幫助吸收。我們認為產品的名字很重要，所以我們先想好它的功能，接着就想它的名字，要易記也要讓人明白。因為當你萃取食物所有的精華，蔬菜不是只喝下果糖，而是吸收，用喝的方法吃水果，其中包含的纖維還可以幫助排便排毒；吃肉可以連渣都吞下，喝魚湯連骨頭都喝掉，這樣對人最健康，很養生，也很環保。所以我們就用養生機這個名字，去總括這部機器的功能。

·「Sparkle Collection」的華麗升級·

張：最初養生機只是廚房的一件工具，但是後來成為了一個擺設，由養生機變成 Sparkle Collection，華麗轉型。你可否說說這個故事給我們聽？

陳：有一天我在一個六星級的豪華商場逛街，看到一輛很漂亮的名牌車，整輛房車鑲滿了奧地利水晶。哇，閃閃生輝。因為我在公司也做業務發展和市場推廣，靈機一動，我可不可以做一個那樣閃耀奪目、有吸引力、具話題性的產品，用電器去做令人眼前一亮的設計？市場推廣有時要出奇制勝，做別人沒有做過的，無傷大雅又代價不大的事情。於是我就想找個電器去挖掘一下。

張：那為甚麼是養生機呢？

陳：這也經過一番考慮。電器始終會發熱，而水晶是用特別的膠水黏上去的；過程中不會太熱，又可以當作藝術品擺放的電器，我考慮了很多不同的產品，最後選擇養生機。剛好它的底座是四方的，有四個面，可以像畫家一樣去鑲水晶。於是我就做了一個閃耀系列（Sparkle Collection）。當時沒有想過單獨做一個品牌，只是用了一個黑色標籤，我希望它標誌着德國寶旗下最高端的品牌。名稱叫 Sparkle Collection by German Pool，令人聯想到我們的品牌，又是華麗的升級和轉身，就這樣開始了 Sparkle Collection 品牌。

張：這個產品不錯，也滿足了你的欲望，但是怎樣再慢慢發展到櫃子，甚至做旗袍呢？

陳：因為覺得這條路可能不會走得太遠，所以立刻用在

我們第二個產品線 —— 廚櫃上。想想甚麼產品的版面最大，可以用很多水晶，不用存貨過多，而且可以有發展呢？就是量身訂製的產品。我們家裏也做傢俬和訂製櫃，就在廚櫃面板鑲水晶；之後進入客廳和睡房，做華麗的閃亮水晶櫃，所以就由 Sparkle Collection 的電器延伸到製造櫃子。

·「Sparkle by Karen Chan」的誕生·

張：這個做法也不錯，慢慢延伸，Sparkle Collection 也得到坊間的讚譽。據知因為你要出席頒獎典禮，因而有了另一個品牌的誕生？

陳：事情的緣由是，我很幸運獲得一項女企業家獎，記得是三年一度的，只頒發給三位女企業家，包括一位做 NGO 的 CEO，一位大學教授，另一位就是商界的我。很榮幸獲得這個獎項，純粹是女生愛美的心情，覺得領獎要有一件戰衣；因為害怕和別人撞衫，我就自己裁剪。我用了一個我們在售的產品香檳杯的架子，請設計師把底座設計成牡丹花，用那朵牡丹花印在一幅絲綢上，裁成自己的旗袍。我穿着它出席頒獎典禮領獎，又很榮幸獲邀參加杭州絲綢博物館的國際時裝設計師展覽，那件作品受邀放在杭州博物館，成為永久收藏品。因此我才開始涉足旗袍和華服的生意。

張：從德國寶到 Sparkle Collection，再到 Sparkle Collection by Karen Chan，除了機緣巧合之外，還有頭腦中蘊含的靈感和點子。有時候我們看到新事物，見了就算了，但是你將它付諸實踐，這就是你的行動力、領導力。Karen 是一位工業家、企業家，也是一位設計師，

Karen 已連續六年獲邀參與亞洲時尚盛事 —— 香港時裝展 CENTRESTAGE

Karen 在香港時裝展 CENTRESTAGE 上致辭

還肩負家族企業的傳承。有些人會負面地認為，Karen 能夠實現這麼多夢想，將自己的理念付諸實踐，是因為她富二代的身份，也可以理解為「贏在起跑線」。但是對於 Karen 來説，當中也有一些心酸，請聽一下她的金句分享。

陳：今天和大家分享的我的金句是，爭氣做好本分，勇氣迎接挑戰。首先做好自己本分的事，接着很努力踏出自己的舒適區（comfort zone），做別人沒有做過的事，嘗試不同的挑戰，做最好的自己。

張：今天 Karen 選了兩張難忘的照片和大家分享，一張是商務及經濟發展局局長丘應樺給 Karen 頒獎的照片，另一張是 Karen 與爸爸在另一個頒獎現場的照片。

陳：今天選來這兩張難忘的相片跟大家分享，對我來說非常有意義，分別是我創立的 Sparkle by Karen Chan 和 Sparkle Collection 這兩個品牌，榮獲新星品牌和香港名牌的獎項的相片。爸爸四十一年前創立德國寶，我能夠在集團旗下創立自己的品牌，又在爸爸見證下拿到這兩個獎項，對我來說是非常大的鼓勵和肯定，非常難忘。

·傳承家族生意的磨練和成長·

張：這張相片中有你的爸爸，他見證了你獲獎。其實要得到爸爸的認同，是不是相當困難呢?

陳：我想作為二代，尤其是回來幫爸爸做傳承的二代的心理，確實是有難處，因為我們予人空降的感覺。公司賦予你職位，但是你是否有能力駕馭這個職位？作為二代，通常被視為大小姐，含着金鑰匙出生，但其實爸爸通過實幹白手興家，爺爺是消防員，我們不是父輩傳承做生意的。記得小時候看到爸爸由零開始，一步一步創業。而大眾通常覺得，爸爸給你這個平台，你做得好是應該的，做得不好則是敗家子女，所以第二代會給自己壓力。我也是一個好勝的人，一定要竭盡所能做到最好，有機會也要創立新的品牌。我回來之前是專業人士，雖然也是由低做起，但是得到過認可，可以一步一步向上。而我回到爸爸的公司，一開始就有很高的職位，已經是執行董事，十七年來沒有升職也不能辭職。做家庭生意最看重的不是薪金，而是責任，怎樣才可以不敗壞爸爸的平台，同時做出成績，這些都是無形的壓力。

我覺得自己創立新的品牌以後，看事物有了不同的層次，更能理解爸爸當年創業，白手起家，沒有人脈，靠自己打拼的緊張和執着，那種「7 x 24」不能放下事業的心態。艱難程度要大很多，因此我和爸爸的感情也拉近了。

和爸爸一起拍的這張照片，是獲得新星品牌獎的照片。那時候我的品牌做了三年左右，剛剛於今年 2 月拿了這個香港名牌，這是我的一個里程牌，而且有爸爸的見證。回想最初爸爸覺得文創和 fashion 不應該是我們的本業，但我有堅持，到近期他也慢慢轉變，會參加我的活動，會邀請朋友出席，會介紹我的產品。作為二代最需要的就是這些支援。

我覺得做品牌也好，贏取團隊的信任也好，包括與四十一年的老臣子的相處，都是必須經歷的事情。但你不可以害怕，要去做，去試，去體驗，去調整。犯錯要認，承擔後果，看準市場的需要，找合適的人去做事，保持終身學習，獨當一面處理好得到的資源。這些你不嘗試真的不會成功。

Sparkle by Karen Chan 港風新中式「新派華服」於深圳時裝周上大受歡迎

Karen 於 2025 年 2 月參與倫敦時裝周，品牌已完成米蘭、紐約、巴黎、倫敦四大時裝周。

張：Karen 說得很對，壓力不單來自爸爸，作為一個家族企業，除了要得到家人的支持和信任，還有同事和四十一年的老臣子的信服。十七年前你回到德國寶的時候，大家怎樣看呢？

陳：首先回來的定位是不可以作大刀闊斧的改革。我回來的時候公司已經二十五周年了。如果不了解公司文化，而去做一些你駕馭不到的東西，是不可能的，我也明白這一點。回來時了解了整盤業務，我覺得市場營銷（marketing）不是做得很好，因為當時不大需要做 B2C。到了開始廚櫃生意時，已經看到需要吸引家庭客，做 B2C，因為廚櫃真的很依賴零售。當時還沒有往績，往績要慢慢建立。你能供應整幢大樓的電器，不代表可以負責全部廚櫃或傢俱。我們從零售方向慢慢建立了自己的團隊，調整了自己的工廠。

我和丈夫一起回來經營家族生意，一直學習、吸收和聆聽，也一直在應用市場營銷的章法，得益很大。我們做每個項目都要竭盡能力，且有所提升。我相信即使團隊對你有任何偏見，也能看到你超越原來團隊的成績，或者是突破。許多同事對公司很有感情，很多老臣子現在成為很好的合作伙伴，我們非常尊重他們。有他們奠下一個堅實的平台，我才可以出去闖、去衝，去試其他東西，即是互相扶持，一同成長。

潘：之前和 Karen 聊天，我覺得陳國民兄對你非常好。你剛剛回來的時候，首先是鍛練你，讓你到工廠審視公司的流程，將德國寶整個流程做一次。你做了甚麼？

陳：當年第一個項目是做全公司的優質產品認證（Quality mark），它的本意是根據 ISO 做文件記錄，進行持續改善流程的系統。同事最怕做這些，很繁複，也會很難駕馭那麼多跨部門的同事。而傳統的企業都是人手操作，完全沒有所謂的電腦化。我用了三個月時間，很努力，也很幸運拿到這個公司的優質產品認證。因為這個項目，我在很短時間裏認識了公司所有的流程，包括公司架構上由前台到後台、從維修到採購到業務發展的每個部門，對我來說是一個急速成長、了解公司的機會，也考驗我和同事的相處和溝通、完成工作的能力，我猜是一片苦心。

·加入家族生意所遇的困難和艱辛·

張：一般人認為富二代一定是贏在起跑線，人們會替你加上標籤，這會不會令你心裏覺得不舒服，要加倍努力去證明自己的能力？會否經歷了不少辛酸？有沒有一些案例可以跟我們分享？

陳：實際上我很少想這些，因為不可能所有人都喜歡你做的事。我不太理會標籤，只是我會給自己壓力，要求自己做到最好。爸爸媽媽對我的學業成績從來沒有要求，這是我本身的性格。我覺得作為第二代會遇到的難題是，守業要做得好。那麼守業是不是比創業難？自己試完之後，發現原來同樣困難，沒有哪一個容易一點。我喜歡體驗、嘗試新東西，只要不會鑄成大錯，令公司付出重大成本，就可以在小錯誤中調整，然後才加大力度發展。回來以後，爸爸沒有特別要求我加入哪個部門，我自己開發藍海，找到熱愛的，有熱誠（passion），又有能力駕馭的東西。

潘：但我真的很想問一句，會不會有些難做但必須要做的，可以讓你丈夫做？

陳：這個就要有默契了，哈哈。你要學習磨合，作為一間公司，爸爸是老闆，我和丈夫是同事，正常情況下有 happy wife，才有 happy husband 嘛。之前是大家各自在企業獨當一面，回到家族生意成了同事，工作上不能相讓，因為真的是為公司好，這是最難協調的。要處理好與丈夫的工作關係，也要管理老闆，即是爸爸。我覺得作為二代，最難的不是別人覺得你是空降富二代，而是你如何分開感情和工作。

張：這邊跟你談情，洗完澡回來就討論營運數字，怎麼處理？

陳：還有吵完架仍要見面，繼續一起吃飯，繼續過父親節。如果是外人當老闆，你不喜歡可以辭職，或者說他壞話。怎麼能在工作中抽離感情呢？是困難的，需要慢慢歷練、調校。

·感恩和分享·

張：但是反過來想也值得感恩，因為全方位由爸爸、丈夫、兒子三個男人簇擁着，是一件很幸福的事。你丈夫是設計師，原本可以毫無壓力地闖出自己的一片天，但是他願意放下事業跟你回香港，進入他未知的事業，這是很令人感動的故事。

Karen 今天選擇了一本書和我們分享。

陳：今天想和大家分享的好書是《三字經》，中華的智慧原來都收錄在裏面。我用這本書教導兒子做人和道德方面的一些生活智慧，中華文化的理念。我自己也獲益良多。作為創二代、品牌的二代，為了讓企業繼續發光發

Sparkle by Karen Chan 2025 全新系列特別聯乘香港經典漫畫《老夫子》，將經典重新演繹。

熱，不僅做生意要做得好，在道德、做人各方面都應該學習中華文化的智慧。我希望我能把《三字經》的真諦傳承給下一代。我覺得在可見的未來，其實拼的不只是科技、不只是生意，最後走得遠的就是拼我們的品德、道德。人也是，品牌也是。

張：十七年來，Karen 運用她的市場及品牌管理知識，加上科技的應用及力求多元創新的精神，使老品牌德國寶煥發了青春、提升了檔次，更加年輕化、時尚化，注入了潮、型和高檔次的 DNA。現在他們賣的不只是家電，更是生活品味（life style）。Karen 相信香港是一個在任何環境下都有商機的城市，契機在於能否變通。不斷求變，與時並進，是德國寶和 Karen 的營商之道。

從富二代到創二代，Karen 多年來以不慍不火、剛柔並濟的態度，加上大量的努力和粗中有細的心思，為德國寶，為 Sparkle by Karen Chan，為自己成功打造了品牌。恭喜你，感謝你的分享。

05 與金澤培對話

我們的人口密度較高，所以對地鐵或公交鐵路的要求也相對較高。……我們看香港鐵路網絡的發展不能只看香港本身，未來和大灣區的融合中，跨境交通的需求將會不斷增長，以配合香港的發展。

金澤培（Jacob）於培正中學畢業，之後到英國升學，擁有南安普敦大學土木工程理學士學位，以及倫敦大學機械工程博士學位。1989 年取得英國特許工程師資格。1994 年 Jacob 為了見證大時代及抓緊回歸的機遇，逆流而回，也因此改寫了人生。

1995 年他加入地鐵公司，出任安全規劃經理，並且先後在車務處、工程處，以及中國內地及國際業務處擔任不同管理職位。2011 至 2016 年間為車務總監，2016 年 5 月起升任為常務總監，負責車務及內地業務。2019 年 4 月 1 日獲委任為行政總裁及董事局成員，負責公司和集團成員公司在香港及其以外的所有業務表現。

2019 年上任港鐵行政總裁以來，經歷了反修例事件和疫情的挑戰。在本港經濟面對衝擊下，如何讓港鐵公司持續發展和維持盈利增長？近年屯馬線全線開通，東鐵線延伸直達港島，這些嶄新的鐵路發展，一縱一橫打通香港經脈，一路以來，港鐵又如何建設香港的未來？

左起
張璧賢、陳志輝、金澤培

嘉賓　金澤培（港鐵公司行政總裁）

主持　陳志輝、張璧賢

對話日期　二〇二三年十一月十二日

本章重點

帶領港鐵走出逆境

接受挑戰，迎接伯樂

港鐵的穩健商業模式

港鐵在香港以外的項目

港鐵與民生息息相關

人生轉折點

父親的影響

港鐵的未來發展

陳：陳志輝
張：張璧賢
金：金澤培

·帶領港鐵走出逆境·

張：今集請來的嘉賓是港鐵公司行政總裁金澤培博士。金博士 2019 年升任港鐵 CEO，是第一位內部晉升且有工程師背景的 CEO。上任時香港正值反修例事件的社會混亂，之後 COVID 疫情接踵而至，面對這兩大挑戰，會不會壓力很大?

金：是的，但是我很幸運有一班很好的同事，大家在困難的時候更加團結，逆流而上。通過努力，不僅保護了自己的同事，亦能服務好我們的顧客，包括乘客和商場經營的租客，並且服務好社區和社會的需要。港鐵在困境中能夠維持財政的可持續性，亦得益於它成熟且行之有效的商業模式。

陳：歷任 CEO 都沒有經歷過你那三年的浩劫。危機四伏，不能上街，人人戴口罩乘搭地鐵，港鐵亦曾成為眾矢之的。可不可以和我們分享一下當時如何度過難關，恢復佳境?

金：當時是很困難的。以前我們的客流量長年維持增長，就算出現經濟危機，也只有過小型的波動。但是那段時間客流量曾經跌到四成。雖然只是很短的時期，但如果時間拖得很長，對我們來說會很嚴重。

陳：為甚麼會突然跌至四成？

金：那段時間是 COVID 最嚴重的時期，但是我們仍然要開通新線路。工程還在如火如荼地進行，大家連出門都不想，要依靠我們的同事和承辦商推動工作。COVID 期間，我們在繁忙時間（peak hour）維持了原有的服務；非繁忙時間由於客量嚴重下跌，適當減少了服務。但是鐵路是以固定成本為主的業務，可變成本相對較小，所以仍有很大的支出。

陳：我們把這個問題分成兩部分，第一是策略，如何從跌至四成恢復到正常水平？第二是公司內部的管理，當時每個人都看着你，唯你馬首是瞻，你如何顯示出領導氣勢，讓大家感覺不用害怕？你在策略和管理方面採取了甚麼措施，效果如何？

金：我非常感謝同事的努力。當時董事會主席和我都是新上任，我們重新規劃了策略，叫做「讓香港前行（Keep Cities Moving）」，這個 Moving 不僅是坐車的前進，也是城市的進步、社區的發展，是推動香港發展，我們相信這是公司存在的意義和任務。

張：金博士剛才説到，幸好客流量跌到四成的現象只持續了較短的時間，作為一家大型公司，如果 COVID 進一步惡化，你們有沒有應對的預案呢？

金：我們當時的成本控制是很嚴格的，包括人手的控制。同事的工作超出了本分的範圍，但都無怨無悔。公司希望保護每一個同事的工作機會，同時也照顧乘客和社區，所以提供車費優惠和減免港鐵商場的租金，盡可能發揮我們的力量。事後我們發現是有回報的，商場的租客絕少停業，社會恢復的時候，他們馬上全速運營，度

金澤培服務港鐵公司踏入三十年，於 2019 年 4 月出任港鐵行政總裁，是首位從工程師晉升為行政總裁的員工。

過了難關。

陳：我給我們的同學說兩句話，請大家記住：愈危險，可能愈有最大的機會。你為甚麼會成長呢，就是因為感染並戰勝了 COVID，變得更加強大。

·接受挑戰，迎接伯樂·

金：教授，我可否就此講一下面對挑戰的事例？當時港鐵新的機場鐵路項目準備開通，要採用新的正規安全評估的方法。那時香港懂得這種方法的人不多，而我在英國政府時正好曾經從事這方面的工作。看到評估的進度很緩慢，我當時很冒進，自動請纓帶領這項工作，過程非常辛苦。早知道就不會這樣做了。

陳：我可以插一句話嗎？再來一次，你還是會選擇去做的，這是你的 DNA 遺傳因子。如果不做的話，未必會做到今天的位置。

張：也是因為自動請纓主動參與這個項目，你遇到了在港鐵的第一位伯樂——祁輝先生。

金：我接手後，經過一至兩年艱苦的工作，機場鐵路如期安全開通。事後，當時的車務總監祁輝先生，一位我很尊敬的同事，後來是管理營運的常務總監，他問我：你想繼續作為一個安全專家直到退休，還是想轉職做行政管理？好像電影裏的情節，一個人坐在沙發上拿着兩顆藥丸，一顆紅色，一顆藍色，要選哪一顆？我選了現在這顆，走上了管理之路。

張：有沒有掙扎過呢？你在英國做安全的範疇，並賴以成功，在港鐵取得成績。在紅藍色之間選擇時，你有甚麼考量？

金：是有過很多思想鬥爭，現有的工作我駕輕就熟，有較多專長，但是管理的崗位會給我更多機會。無論是對於專家式管理人員，還是行政管理人員，我都可以為同事創造各展所長的環境，所以我走上了這條路。

張：祁輝先生給了你怎樣的啟發，在他身上你學到甚麼？

金：他很着重傳承，也很出色。他經常提醒我們，我可以做完所有工作，不過我不會永遠在這裏。你們要學習，要進步。所以他才會問我想做甚麼。他會安排不同的機會，讓我發展和學習。我很佩服他這種培養人才的做法，也希望自己在工作中可以做到。

上任行政總裁後，金澤培積極與不同層級的員工交流。

張：除了祁輝先生，可否和我們談談你的另一位伯樂周松江先生？

金：他教了我很多東西，包括要虛心、專業。他做 CEO 的時候我在內地項目，開始時工作很困難，他提醒我無論環境多麼困難，也要記住自己的專業、記住自己的誠信，還有想要做的是甚麼，用教授的話，就是你的抱負。

·港鐵的穩健商業模式·

張：如金博士和教授所說，在危中尋機，會變得更加強大。經歷 COVID 的難關，除了依靠團隊和客戶的支持，也有賴港鐵本身穩健的商業模式，在困難時期仍向股民派息，想想有些不可思議。港鐵如何靠自己的商業模式去度過難關？

金：這裏我想多說一點，因為港鐵的商業模式是一個很重要的題目。據我了解，四十多年前港鐵公司成立的時候，香港政府做了很多研究，發現全世界的鐵路無論如何成功，基本上都沒有投資價值。因為鐵路要投入大量資源，而且不止初始投資，還要持續追加投資（ongoing investment），包括換車，換訊號系統，換配套設施，才可以維持運作的表現，日常開支也很大。所以鐵路運營無法作為一個投資項目去推進，因為內部投資價值很低，但是它的外部效益是巨大的。

張：外部效益指甚麼？

金：就是鐵路以外帶來的效益，譬如鐵路開到一個社區，社區就得到發展，無論是經濟活動，土地的價值，還是土地的應用。舉例說東涌，在未有鐵路和公路之前，它是一條人口只有兩千的小漁村。但是有了鐵路之後，現在已經是擁有二十萬人的社區。同一片土地的應用效率得到提升，經濟活動可以支持整個社區的發展，所以說鐵路的外部效益是巨大的。而鐵路加物業、鐵路加社區發展的模式，就是以外部效益支持鐵路投資，形成互補的財務安排。我們的經驗說明，鐵路如果建造得好，可以支援社區發展；社區發展得好，也可以支援鐵路業務。這是我們建設城市、推動香港進步的重要模式。

·港鐵在香港以外的項目·

張：正如金博士所說，我們應該稱讚 1979 年地鐵投入服務時的政府或管理層有先見之明。然而，不是每一個城

港鐵45周年主題

港鐵於 2024 年慶祝地下鐵路通車 45 周年，一直與港人共同成長，相伴連繫。多年來港鐵採用「鐵路＋物業／社區發展」行之有效的商業模式，配合政府發展藍圖拓展鐵路網絡。鐵路所到之處推動社區發展，社區發展同時支持鐵路業務及可持續財務，相得益彰。

市都採用這種模式來運作，例如倫敦等地，鐵路變成了政府補貼的項目。

金：是的，一旦鐵路公司不能財政獨立地營運，需要依靠政府補貼，就會出現很多困境，例如要買新車，政府會說今年要建學校、醫院、消防局、警察局等等，會有一萬個理由無法撥款購置新車。於是鐵路公司只能繼續使用舊車，表現就會愈來愈差。這也是倫敦、紐約、柏林、巴黎都面對的情況，很難追加投資，保持營運和服務水準。

張：難怪我們旅行時見到當地的地鐵都那麼有歷史感，全部都古色古香。

陳：請你介紹一下一般地區的運作情況。還有，為甚麼我們這麼小的地方，能夠有一個行之有效的模式？這個模式是否已經推展到很多地方？

金：香港的法例法規使鐵路加物業的模式很容易操作。內地國務院研究我們的模式已有十多年，在過去的兩三年制定了國策，為此國家發改委亦發出一系列相關文件。現在很多內地城市的建基，都是以交通為主導的綜合城市土地發展模式，即 TOD（Transit-Oriented Development），用來支撐主要基建和鐵路的可持續發展。而澳洲叫做 Value Capture，也是同一個意思，即是用鐵路建設的外部 value，支持鐵路的發展。

張：港鐵的成功模式已經超越了香港。港鐵目前的服務不局限於香港，也服務至英國的倫敦。可否與我們分享一下港鐵在海外參與的項目？

金：我們已經在營運倫敦的伊利沙伯線，用女王命名的鐵路。大家可能不知道歷史。這條鐵路說了五十年，在女王相對年輕的時候已經提出修建，直至最近十年才籌到資金。要求修建一條全英國最先進的技術和管理水平的鐵路，採用全球投標，我們通過競爭贏得營運權。另外，我們在澳洲悉尼也投資了兩條鐵路，其中一條已經開通和運營，是全澳洲第一條無人駕駛的地鐵，也是由我們引進的。

張：如果不是金博士的介紹，大家都不知道港鐵的業務是無遠弗屆的。畢竟港鐵已經發展了四十四年，法規和技術方面都比較成熟，但是如果發展到海外投資，會不會遇到一些棘手的問題？可以跟我們分享一下嗎？

金：是不容易的。今天在北京、杭州和深圳都有我們的鐵路，北京的規模最大，有五條線。現在北京的規模，已經比合併前的地鐵公司還要大。這是經過過去二十年努力而建立的業務，在開始時難度很大，無論是當地的法律法規、商業模式，甚至營運的要求等等，都與香港不同，但是我們虛心學習、努力適應，非常專業，把學到的經驗總結下來，留給其他項目。經過二十年時間，我們在中國內地、澳洲、瑞典、英國都建立了一定的業務。

陳：萬事起頭難。我想問一下，第一，為甚麼要出去？從學生、家長、公司的角度，現在不是很好嗎？為甚麼搞這麼多事呢？因為逆水行舟，不進則退。第二，走出去面對不同的系統、不同的考量、不同的政府，而且完全不熟悉，你怎樣面對這些困難？

金：第一，我們相信精益求精，用現在最時興的說法就是「沒有最好，只有更好」。即使我們今天做到世界一流，明天也應該做得更好。這種不斷求進、精益求

金澤培上任後出席高鐵香港段通車一周年慶典。高鐵目前接通香港與內地逾九十個站點，推動大灣區內經濟協同發展，亦促進兩地人員旅行、商貿和文化交流。

精是很重要的精神。另外，我們相信成長中的 growing company，是一家有活力的公司；而一家墨守成規、畫地為牢的公司，就會缺乏活力和創造力。我們看到香港的發展會有局限，所以要尋找新的增長點。我們相信自己在營運能力、商業模式方面都有優勢，希望利用這些優勢走出去。走出去以後，反而看到我們有明顯的領先優勢，很有競爭力。

·港鐵與民生息息相關·

張：我們請金博士選一張最難忘的照片，他選了屯馬線開通的照片。為甚麼會選擇這一張?

金：這一張是 2021 年屯馬線在疫情下開通時的照片，雖然大家都戴着口罩，但是掩蓋不了他們的歡樂。有很多令人感動的故事。

張：說到屯馬線，我覺得不得不談另一條 —— 沙中線。兩條線合縱連橫，打通了香港的經脈。沙中線的構思讓很多人的出行大為便捷，它的藍圖是怎樣展開的？

金：整個沙中線項目駁通了東西，即屯馬線，並把東鐵線延伸過海到港島。正如你所說，一縱一橫打通了香港南北和東西的公共交通。雖然在規劃的時候，有人跟我說，哪裏有人這麼傻，會從烏溪沙坐車去屯門？當然，除了我們開車的同事以外，很少有人從頭坐到尾，但其中連通的部分確實開通了很多經濟活動和社會活動。而南北走向更重要，東鐵線在一百多年的歷史中第一次可

金澤培說，上任後印象最深刻是屯馬線及東鐵線過海段於疫情期間，越過重重困難開通，為社區服務，令市民出行更方便，口罩亦難掩蓋大眾的喜悅。

以直達港島。最令我感動的故事，就是一名乘客對會展站的同事說，她住在大埔三十多年，第一次來看展覽。因為大埔現在可以直達會展。以前則要先到紅磡，再要下車，還要過海。當時我雖然不至於眼泛淚光，但也非常感動。這說明我們為社區創造了新的機會。

張：這位住在新界東的婆婆，只是七百萬香港市民其中一個。鐵路其實惠及很多市民，特別是對於沿線的市民大眾來說，有想像不到的便利。我也是因為方便，多去了一個叫做錦田的地方，原來那裏有跳蚤市場，還有很多特色咖啡店。剛才說到這一縱一橫的鐵路線不僅連貫了港九新界南北，還完善了整個香港鐵路網絡，為民生帶來極大裨益，實現了一加一大於二。

陳：為甚麼有社會影響呢？因為交通不便，人們會終日困在區內不外出，會胡思亂想：為甚麼兒子不回來探我？人的尊嚴也受影響。而有人深思熟慮，眼觀全球，走出一條路來。當你看到同事的笑容、乘客走過來要跟你拍照的表情時，會當作莫大的獎勵。

張：2007 年 10 月 2 日地鐵和九廣鐵路合併，新的港鐵成立了，這也是一加一大於二的合併計劃，對嗎？

金：是的。當時把地鐵和九廣鐵路兩家公司合併，最重要的反而是兩個鐵路網絡的合併，使乘客出入更方便，簡化了兩個交匯站的轉乘，省卻要先出站再入站的繁複，乘客也不必再多付轉乘的費用。合併之後，整個網絡的運作得到很大的提升。

陳：我想問一問，兩個系統分開當然很辛苦，但合併也很辛苦，會有很多未想到、未見到、未知道的事發生。那段時間如何去做準備？是否如臨大敵？

金：我是相對幸運的，因為準備的那幾年我在深圳。在香港的同事非常努力。你想想，要把兩個家整合在一起，過程很複雜，很多工作方法、安排、人手、預算等都要一起做好。我幸運地在合併前夕調回香港，也負責過例如一晚改完幾千個標誌牌的工作。當晚我們選出一些身高較高的同事，可以不用梯子，快速改換標誌牌。規劃和工作的細緻、繁複程度可想而知。

·人生轉折點·

張：2007 年港鐵合併到現在已經十六年了。這對於港鐵和香港都是一個里程碑式的歷史事件。想問一下金博士和港鐵的緣分又始於甚麼時候?

金：我 1995 年 1 月回到香港，那時已經在英國生活了十六年。先是讀大學，讀研究院，接着在大學任教，後來加入英國政府的安全管理部門。我看到 1997 年回歸的時機：第一，我想見證這個大時代；第二，我相信回歸之後會有很大的機遇，香港會繼續發展建設，我也希望能夠盡一己之力，貢獻給香港的發展。

陳：問你兩個問題：第一，你從教書到放下教鞭，是人生中一個重大抉擇。你是成績很好的博士，任教多年，一邊教學，一邊做研究，往往很難再外出發展。你能夠毅然離開，是一個很有趣的情景。第二，回香港更是重大的轉折，連根拔起，由頭開始。回到一個除了廣東話以外其他都不熟悉的環境。正如英文的一句諺語：「From the frying pan into the fire.」。那時候你認為遇到機遇，一定有些資料和想法支持。每個人的人生都有幾個關口，大家可以聽聽不同的人在這些重要關口，是如何做決定的。先說第一，為甚麼不繼續教書？第二，為甚麼回香港？

金：我在大學教書的時候，主要是從事風險管理、安全管理的模擬研究或教學，我們研究的顧客是石油公司。我一直在處理鑽油台安全範疇的工作。英國在九十年代初期發生過幾次離岸鑽油台安全危機和意外。於是政府重新改組自己的安全管理部門，招攬很多安全專家加入，做新的安全評估認證工作。由於我一直與石油公司合作，管理鑽油的安全，所以很順理成章地加入了政府。從理論上的教學轉向真正動手落實也很有趣，北海有一個鑽油台曾經是我批准營運的，那個鑽油台是用一百年一遇的風暴來設計的，但第一年營運就發生了三次百年一遇的風暴，可幸的是三次都安然無恙，很開心。

陳：在這裏可以看到價值觀念和使命感。人生的路途為何如此？對於自己的要求是挑戰自己，還是不挑戰自己？這已經可以判別你是否有前途。遇到風險不是要迴避，而是要計算和評估風險，首先，它可以培養自己；第二，世界真的需要應對風險。例如鑽油台一旦發生事故，後果會很嚴重。你皓首窮經讀了很多書，如果真的發生事故，你會否問自己：如果我去，會不會改變歷史？下一個問題是，你如何決定回港的呢？

金：我在英國政府工作了三年，新的安全評估系統已經比較成熟。說實話，我可能是一個不喜歡很悠閒地生活的人，總是選擇最麻煩的路。英國的生活比較安逸，我卻不想太清閒。剛才也提到，我看到大時代將要來臨，看到機遇，知道如果自己繼續留在英國政府，就會愈來愈早下班、愈來愈清閒，所以我決定回來。

張：這不是很多打工仔夢寐以求的嗎？

出任行政總裁前，金澤培先後在港鐵的車務處、工程處，以及中國內地及國際業務處等擔任不同重要管理職位，亦不時向公眾及傳媒解說公司最新發展，例如車務安排、車站設施提升等等。

談到成為 CEO 的過程，金澤培指擔任 CEO 並非他工作的目標，但強調不論在任何崗位，他都不會單純接受上級指令，反而會嘗試了解上級工作加以配合；久而久之便對上級的工作認識加深，而機會是留給有準備的人。

陳：所以他們不是 CEO 啦。

張：當時香港地鐵公司有你的用武之地，有安全專員的工作機會，是否成為你回香港的契機？

金：當時很有趣。我在倫敦每個星期天去唐人街飲茶，會買一份《南華早報》，只看找工作的廣告版面，其他都不看。結果發現一則香港地鐵公司招聘安全專員（safety specialist）的廣告，工作的性質和要求都很適合我。我覺得這是一個好機會，於是決定回香港發展。

· 父親的影響 ·

張：仕途上有伯樂是很重要的，第一個伯樂可能就是你的父母。你走上工程這條路，其實與爸爸有關，對嗎？

金：是的，我爸爸媽媽都是修讀工程的，所以自小在家裏都會討論工程。

張：那時候你年紀多大？你的數學成績應該不會差了。

金：那時還在上小學，我的數學成績很好。爸爸當時在香港政府做工程師，每次上街，他時常會告訴我，這幢大廈我有參與，那幢是我負責的，然後向我說項目有多困難。我記得他說天文館是蛋形，紅磡體育館是四方碗的外形。他說當時體育館的電腦模型只能做地上的部分，地基則沒有電腦模型，要用人手設計和計算。當時我沒甚麼興趣，但印象深刻的是，在談到他參與的工程時，爸爸很有成就感。我感覺到工程可以對社會有所貢獻，所以我中學時期已經想讀工程。

·港鐵的未來發展·

張：剛才有同學問，香港這麼小的地方已經有這麼多車站了，還有發展空間嗎？可不可以請 CEO 和我們分享一下未來的藍圖？

金：如果說鐵路，要看看用甚麼標準。我們 1,000 平方公里有 270 公里的鐵路，外國很多城市這個水準已足夠。但是如果在內地的城市，1,000 平方公里的城市可能需要 500 公里鐵路。因為我們的人口密度較高，所以對地鐵或公交鐵路的要求也相對較高。在香港我們會繼續完善鐵路網絡，大家都知道我們正在興建的幾條線路。政府的規劃已達至 2030 年，2030 年以後的鐵路網絡正在做新的規劃。我們看香港鐵路網絡的發展不能只看香港本身，未來和大灣區的融合中，跨境交通的需求將會不斷增長，以配合香港的發展。

錄影當日，眾人合照。

張：請金博士和我們分享一下你的人生座右銘。

金：我的人生座右銘是，未學做事，先學做人。不是要教大家阿諛奉承，我認為我們做事一個很重要的原則是，做事之前，要明白對手的情況、處境，合作的時候才可以知己知彼，更加順利。

張：除了講解 MTR 的故事，今天金博士也帶來一本書與我們分享。這本書就是《人性的弱點》。

金：今天和大家介紹的書是卡內基（Dale Carnegie）的 *How to Win Friends and Influence People*，中文譯名叫做《人性的弱點》，可能譯得不太貼題。這本書主要的內容是講不同的溝通方法，而在所有溝通的背後，有一個很重要的原則，就是要了解你的對手，了解對方，你的顧客，了解他的需要、他的處境，我相信這個原則非常重要。如果我們了解對方，和他一起做事就會更有效。這個原則和陳教授的「左右圈」是不謀而合的，我覺得它無論對我們做事、做業務、做人，都很重要。

張：港鐵方便快捷，沿途不停為你建設，這是地鐵的口號，我覺得也是我們今天與金博士對話的總結。由鐵路到物業，打造社區的商業模式，正是港鐵的成功之道。多謝金博士和團隊為我們建造香港的未來。

06

與張德熙對話

我做人的座右銘是詩人李白的「天生我才必有用，千金散盡還復來」。堅持不屈不撓，機會就仍然存在。上天給你一個缺陷，必定會給你一個獎勵作回饋。

張德熙（Haywood）出身自大家庭，有十六個兄弟姐妹，父親是前鄉議局主席、立法局議員、出任區域市政局主席達十年的張人龍先生。Haywood 於喇沙書院畢業後，遠赴加拿大升學，並在蒙特利爾康考迪亞大學取得學士學位，主修地質學，副修經濟學。2012 及 2014 年，Haywood 又先後在香港城市大學取得行政人員工商管理碩士和工商管理博士學位，其後更榮膺城大傑出校友。

大學畢業後，Haywood 在加拿大的酒店工作，八十年代回香港接手家族證券業務。1981 年創立張氏金業，高峰時全港有七成買賣黃金和外匯的地舖都與他交易。經歷 1983 年和 1987 年兩個黑色星期五的衝擊，公司都能很快復原；但是 1997 年金融風暴、2000 年的科網爆破，以及 2003 年的沙士，均令公司元氣大傷。最終 Haywood 在夾縫中抓緊機遇，2005 年隨着香港經濟復甦，終於大翻身。

2010 年起，Haywood 出任金銀業貿易場理事長，主理期間引入交易編碼服務、9999 港金、首個離岸人民幣黃金產品等，並且分別在 2015 和 2017 年推出「黃金滬港通」及「黃金深港通」。Haywood 早於虛擬貨幣尚未普及化之前，已經看中這個新興產業。憑藉逾四十年金融業務經驗，他怎樣帶領團隊推行貴金屬一帶一路互認資格，肩負人民幣結算黃金商品互聯互通，以配合人民幣國際化的使命？

左起
關樹楨、蘇雋、潘嘉陽、張德熙、張璧賢、陳志輝、譚顯揚

嘉賓　張德熙（金銀業貿易場理事長）
主持　潘嘉陽、張璧賢
對話日期　二〇二三年十一月十九日

本章重點

家庭環境和成長之路
加拿大的求學及生活
加拿大的職業生涯
回香港發展的機緣
在金融業創業和發展
面對金融風暴的衝擊，永不言敗
與習主席會面
金銀業貿易場的發展方向
寄語年輕人

潘：潘嘉陽
張：張璧賢
熙：張德熙

·家庭環境和成長之路·

張：今天的嘉賓非常專業，他是一個主席、理事長，但給我的感覺也是一個大俠，而且是一個冒險家。剛才聽你的介紹，你有十六個兄弟姐妹，成長在一個這麼大的家庭裏，會不會壓力很大？

熙：壓力很大。起碼我們要搶食，開飯不搶就沒得吃了，夾菜也要夾得快，爸爸很嚴格，如果我們夾對面的菜，他馬上就敲你的手。

張：除了吃飯有家教之外，在你的學業上或品格上，是否也有影響？

熙：品格上有的，學業上則沒有，他說「你是龍便上天，你是蛇便落地」，隨我們自行發揮。他很少逼我們讀書，他說考得好的是書呆子，考得不好未必不成功，最厲害的是中間那批人，能力可能比讀死書的人強，也比死不讀書的人強。

張：噢，今天有了一個新的詮譯。正如你爸爸所說，有讀死書和死不讀書的人，中間那些人才是最有潛力的，而你就是其中一員。

熙：我是中間偏低一點。我對學業比較懶惰，而且天生有一點閱讀障礙。不過天生我才必有用，上天給我一副相當靈敏的耳朵，可以過耳不忘。中學入讀喇沙書院，活潑好動，認識了很多日後幫助我的同學，英文拿到A，但會考成績不算好，於1971年完成中五後，便去加拿大蒙特利爾康考迪亞大學。因為過了二十一歲，可以用成人學生（mature student）身份直入大學。

·加拿大的求學及生活·

潘：送你去讀大學的時候，家裏是提供支援，還是只給你一點旅費，讓你自己去冒險?

熙：爸爸給了我一張機票，由香港飛去蒙特利爾，花了三十六個小時，繞了很大的圈，因為便宜，機票只要一千多元。又給我加幣900元，送我到機場告別，他真的說了那句「你是龍便上天，你是蛇便落地」。

張：加拿大機票加上900元。一年的學費600元，你只剩下300元，怎麼生活呢?

熙：剩下300元還要租房子，我當然很淒涼。這就是童年的苦。但是我覺得爸爸已經給了一張900元的支票和一張機票，我不能再向他要錢了。我到唐人街找工作，看到洗碗工最受歡迎，一小時一元加幣，我就每天五點鐘下課後去洗碗，生意很好，一直洗到凌晨十二點，那時經常被刀叉弄傷。下班了，老闆說駕車送我回家，我很感謝，但他要我幫他再洗兩間廁所才能走，這是真人真事。不過由那時開始，我覺得自己能夠自給自足，不用再問家裏要一分錢，也有一種滿足感。

張：我覺得你很有骨氣。雖然不知道你的其他兄弟姐妹是怎樣的情況，但是作為父親怎麼忍心真的只留 300 元，然後說一句「你是龍便上天，你是蛇便落地」，我覺得他應該只是口頭說說而已。

熙：應該是的，但他說了我會記在心裏。年輕的時候熱血沸騰，我就讓你看看我的本事，要爭氣。這樣我就有了一個比較辛苦的少年時期。

張：你說你有閱讀障礙，但在加拿大升學時是修讀雙學位，怎樣做到的呢?

熙：我沒有修讀雙學位。進大學的時候看課程簡介，有計算機、經濟學、會計學等，專業都很厲害，但全部都不適合我；一直翻到一個叫做 Geology（地質學），我覺得課程內容很棒，最重要是不用讀死書、不用計數，還有實習機會，於是就選了地質學。

作為喇沙畢業的學生，我的英文很好，和教授溝通很順利，生活很快樂。上課並非一味讀書，也沒有課本，我聽了課便能記住。我順利得到地質學的學士，之後再讀經濟學作為副修科目，也應付自如，從中亦培養了基本的經濟學頭腦。

·加拿大的職業生涯·

張：在加拿大讀完地質學和經濟學的學位之後，你從事的工作與經濟、地質都沒有關係。

熙：那時候我很勤奮，洗碗出了名，比別人更快更好，洗手間也洗得乾淨，於是組長介紹我去了喜來登屬下一家餐廳，先是洗碗，之後做吧餐廳的調酒師。因為我有一點語言天才，很快會講一口流利法語，被提升為前台接待，一年後又提升為助理經理。其後不斷晉升直至總經理（General Manager）職位，畢業後在滿地可、波士頓和底特律的三間喜來登酒店打理餐廳。

張：從酒樓的洗碗工，變成管理酒店的管理層，你是怎樣做到的？

熙：我想第一是勤力，第二是會誇獎上司，第三是會英文，第四是會法文，有助與老闆、客人和同事之間的溝通。我想重中之重是比其他人更勤奮。以當時的家庭背景，我可以歎世界，但我選擇了奮鬥。因為我不想被別人稱呼為「張公子」，希望別人稱呼自己父親為「張德熙的父親」。

潘：Haywood 給我們的啟發是，選好賽道是非常重要的，人生不是要選熱門學科，而是要選擇自己更能發揮潛力的賽道。你從洗碗工到經理，與客人打交道，發揮你的長處，你的創意和創造力也能在這些位置發揮出來，是不是這樣？

熙：潘教授說得對，你分析人性很到位，將我年輕時的個性分析出來了。我沒有甚麼其他專長，就是語言比較好，個性比較活躍，比較友善，比較受人歡迎，所以升遷的機會相對多些。

·回香港發展的機緣·

張：你在加拿大有很多晉升機會，而且相當受老闆歡迎，短短幾年已經成為三間酒店的管理層，留在加拿大發展也不會錯。為甚麼在 1980 年回到香港？

熙：做酒店總經理的時候我已經管理 500 至 600 名員工，但感覺加拿大並非長遠發展的地方。父親患心臟病，希望我返回香港接手經營他的股票行，我也希望有屬於自己的事業，於是決心回港。我 1980 年回到香港，先在股票行工作，當時的證券業非常興旺，同學王冬勝已進了滙豐銀行做大班，相比之下，我覺得自己尚未建立事業。

張：當時你是不懂這一行業的，對嗎？

熙：是的，我是紅褲子出身的，當時出市要寫黑板，抄表，做交收。那時候沒有中央結算，要親自交收，我們將股票揹在身上。另外，以前做證券是要先墊錢的，拿回來股票兩天之後才向客人收錢，風險很大。我替爸爸經營了大概兩年以後，就希望另求出路。

受訪嘉賓攝於錄影當日

·在金融業創業和發展·

張：你很有膽識，真的想成為天上的龍，另創一番事業。當時你希望發展怎樣的事業？

熙：你知道我家裏還有十六個兄弟姐妹，長期佔着家裏生意的位子不太好，應該給弟妹一些機會。我請了一個弟弟回來幫助爸爸打理生意，我則出去闖一闖。那時候我還年輕，覺得即使失敗也沒甚麼關係。也確實因為我是張人龍的兒子，創業時帶有一點優勢。當時我爸爸說，你回到香港，朋友也沒有，又呆板，香港究竟是怎樣的你也不知道，我帶你參加新界扶輪社。他是創辦人之一。進入扶輪社可以說改變了我的視野，當時幾十位社友都來自不同行業，我可以得到很多資訊。

當我開公司的時候，有一個會計師可以教我，還遇見一位做金業的長輩，教授我關於黃金行業的知識，給我實習機會。另外有一個可以說是導師的社友，是做外匯的。我問他我可不可以買賣外匯，他說可以，100 萬美元一手。他們做貨幣市場（money market）銀行交易的經紀（broker），一天可以賺到十幾萬元，我很羨慕。他給我講解整個流程，我也參觀了他的經紀行。這啟發了我進一步思考。後來我開了一間自己的經紀行，拆小了交易金額，由 100 萬改為 10 萬、5 萬、1 萬都可以做交易，做到了零售範疇。

當時香港人才少、機會多。我在 1980 年離開父親的證券行，成立張氏公司，1982 年開始做金業；我夠膽識、重誠信，報價比其他行家更公開、公道。高峰時全港有七成買賣黃金和外匯的地舖跟我交易，我利用資訊科技優勢，以電腦代替人手二十四小時交收及報價，贏得大量交易並從買賣差價中獲利的策略很成功，變相減低了風險。顧客提金我可以即時付現金交收，製造長遠的優勢。之後做保險，市場份額壟斷了的士投保市場。其後有做過外匯、期貨、黃金、證券。

·面對金融風暴的衝擊，永不言敗·

潘：1983 年中英談判時曾出現股海翻波，在 1987 年又來一次，兩個黑色星期五你是怎麼度過的呢？

熙：當時市場隨之出現了兩次大衝擊，金匯業和股票業各行家損失很大。我借用李白的話，「天生我才必有用，千金散盡還復來」，輸光了繼續打拼，困境中一定要堅持，想辦法不要讓自己低沉下來，除非行業消失了。香港在 1983 年的股災中很快就翻身，1987 年的災難也迅速恢復。1987 年我需要撻訂及變賣物業套現，出售了位於沙田的十間丁屋才度過難關。期間我以 70 萬元平讓一間丁屋給一位婆婆，就在律師樓簽買賣契約前，婆婆忽然要壓價到 65 萬元。我即要求她以本票付款，更把價錢減到 63 萬元。十六個月後，我以 130 萬元從這位婆婆手上買回該單位。心中的不忿，激發起我的鬥志。

1997 年的金融風暴更嚴重，1998 至 2000 年科網爆破，2003 年又出現沙士，能賣的就賣，能借的就借，不止大出血，手腳都斬了，傷害很大，永遠難忘，是很漫長的一個災難性的週期，到 2005 年才反彈。我元氣大傷，損失了三間上市公司，六星期內輸了 20 億和欠下 10 億債務。很多人 2003 年的難關沒能闖過，離場、清盤、轉行，而我們就繼續撐了過來。2005 年市道反彈的時候，我們賺到第二桶金。金融風暴告訴我，只要捱得過，明天永遠會更好。我永不言敗，只會檢討失敗原因，不會離場。

張：撐下去不只是一句口號，真的要去踐行，這種景況下一般人是難以想像的。

熙：我跟大家分享一下如何度過難關。平時做生意不要太絕，多交朋友。當你出事的時候，你不用朋友幫你，他不落井下石就行了。例如金融機構會選擇對象，要求斬倉。我們稱為打靶，你不用幫我，你不斬我的倉就行了。另外，還是要有誠信，人緣和待人接物也很重要。還有一個方面，就是你借銀行的貸款要足夠大，銀行就不會對你動手。當我欠款 10 億元，你怎麼逼我？如果我只欠一百多萬元，就已經消失了。

潘：其實也有道理，叫做「大到不能倒」，不過直到雷曼事件，變成大也會倒。

熙：直至 2005 年才大翻身。當時我們公司向銀行抵押了一座大廈，如果銀行要求還款就要拍賣。但是在 2003 年哪有買家？與其一拍兩散，不如從狹縫中找機遇。所以我首先提出，在半年之內供息不供本可以嗎？可以；再過三個月，暫停付息可以嗎？都可以。半年之後我再想了一個很前衛的方法，我將大廈底層全部租給大銀行，有五年、八年和十年的合約。這些合約是有價值的，我向銀行提出，將我的租約抵押發債，我找借貸給我的銀行做擔保人，我發出了三年期的債券，結果到 2005 年市況反彈，我賣掉了大廈低層的幾層，套現還清債務，度過了難關。

張：1997 年你失去三間上市公司，欠債 20 億，當時會不會覺得墜入谷底，甚至有睡不着覺的時候？

熙：那個感覺我跟大家分享一下。當時面對壓力，確有「睡了不想醒，醒了不想睡」的感覺。因為醒了就要面對

錄影當日，眾人合照。

很多事情，最怕早晨響鈴，電話響了怕銀行追，或者公司的 CEO 告訴你出事了，所以是很難熬的。但是人的意志力很奇怪，會咬緊牙關一步一步捱過去，自信沒有不可解決的事情，鼓勵自己要面對困難。這種情形下，反而要養足精神，聽這個電話，慢慢想辦法解決。當然也可能解決不了，但是不嘗試怎麼知道不行？所以要堅強起來，否則如果你愈來愈負面，就會走向絕路。最終我也能安睡，保持良好精神，從中學會了「處變不驚」的心態。

潘：簡單地總結這個案例，你通過努力去招租，拿到長期合約，可能銀行看中了合約帶來的長期收入，願意接受。

熙：你答對了一半，另外的一半，我沒有去求承租，反而是推卻，有很多不太正規的生意來租我的房，出價很高，但我堅持不肯出租。結果我的上市公司的 CEO 幾乎跟我翻臉。我的忍耐力真的很強，寧可讓它白白空置了很長時間。我認為如果能夠租給大機構，只需一間而已，周圍的位置就會有大機構感興趣。

張：你怎樣力排眾議？公司的管理層都要跟你爭論？

熙：我用鄉村俱樂部管理方法，講求人性化。大家都知道那段期間是難捱的，大家要互相妥協，減少爭執。爭取薪金時大家將就一下，減三成工資，四天上班可不可以？反正上班也沒有多少生意，要使用很多這些方法。我很珍惜我的團隊，而且那時沒有強積金，如果辭退員工，光是遣散費就要 2,000 萬。所以為了成功也是為了錢的原因，最後一舉二得，達至雙贏，員工全部都留了下來。

張：Haywood 這麼勤奮，你的人生座右銘又是甚麼？

熙：我做人的座右銘是詩人李白的「天生我才必有用，千金散盡還復來」。堅持不屈不撓，機會就仍然存在。這是我個人對「天生我才必有用」的解讀：就是因為我有一點閱讀障礙，而上天給你一個缺陷，必定會給你一個獎勵作回饋，因此上天賜給我一副機敏的耳朵，我能耳聽八方、過耳不忘。

·與習主席會面·

張：Haywood 選了一張珍貴的照片和我們分享。

熙：我人生中最珍貴的照片，是在深圳前海和習近平主席合照的一張。這是畢生的榮幸。當天習主席問我，你在前海的項目搞得怎麼樣？這句話對我有很大的鼓勵，我即時回應他，我們在深圳前海建立了一個保稅的倉庫，非常成功，也得到深圳市很多領導的支援，很感謝習主席的問候。

張：當時有甚麼樣的機緣，可以見到我們的國家主席呢?

熙：我要感謝金銀貿易場。我加入金銀貿易場已有二十多年的歷史，2010 年我成為理事長時，前人交接留下很多項目和產品，讓我在 2010 年金銀貿易場一百周年的歷史時刻，有能力和機會去發揮，而遇到時機成熟，深圳前海成立了自貿區。

當年習主席上任之後第一個到前海，鼓勵大家發展前海。這塊寶地和香港只是一河之隔，在一小時經濟圈內。當時上海的商業思維是快的，他們立刻成立了上海自貿區。我記得有一天國家商務部打電話來金銀貿易場，想約見我們。詢問對於前海有甚麼建議，因為上海自貿區成立了，我們要加把勁。當時商務部請了香港十個企業，包括大銀行、港交所等去談。商務部部長問我的意見，我說上海自貿區打國際牌，前海自貿區要打香港牌。我們背靠祖國，鄰近香港，吸收香港模式經驗，面對國際。兩個月之後，習近平主席就下令成立自貿區。在前海的這張照片就是習主席再去視察前海時拍的。這一次他只約了兩個港商，一個是港交所行政總裁李小加，另一個就是我。我們去給他解釋，金融方面能夠做些甚麼建設前海，前海有甚麼可以利用香港去拓展到國際。前海有　塊石頭，刻着「前海」二字，附近很空曠，只有我們這些人。習主席很親民，他走過來，立即和我們握手，問我一句，你在前海的項目怎麼樣？我很驚訝，身為國家領導人，關心得那麼細緻。這是我銘記於心的榮幸和佩服。我說多謝主席，我們的建設非常好，已經成為進駐前海的十大港企。我很感謝深圳領導對我的關愛、關心和幫助。

張：很難得的機會，所以 Haywood 選這張作為畢生難忘的照片。為甚麼你說前海打香港牌，上海打國際牌？你覺得香港牌的優勢在哪裏?

熙：香港牌的優勢在於人才。香港在金融、管理這些範疇是先進的，還有法律上的開放、清晰、嚴謹，全世界都佩服；香港的糾紛仲裁是最高級的，金融網絡也是最大的。還有香港的商品往來是自由的，外匯的出入也是自由港。這些就是香港的優勢。今日上海很快追上了很多，那裏的企業可能比我們更富強，但是上海金融的知識網絡、國際視野方面，與香港至少還有五年的差距。不過香港政府也要加把勁，進一步提升香港的國際金融中心的地位。

潘：我想香港有普通法很重要，再加上我們有一些歷練。金融市場有很多風浪，聽金融前輩說，經過這些歷練才會成長；內地有很多很好的金融建設和設施，但未必有這種歷練。正如 Haywood 已經飽經歷練，見過風雨，包括經過五年才翻身的經歷。

張：現在的地緣政治和中美關係，對於香港來說是危還是機？對於你的行業影響如何?

熙：是危又是機，有危必有機。人們說香港是福地，香港確實是一個很特殊的地區。這次美國實施很多制裁，正好讓香港受益。很多資金調動來香港，因為在某些地方資金會被凍結，所以需要來香港避險。很多商品交收不了，也要來香港。另外，我們的離岸人民幣活化了、增加了，因為很多國家不收美元了，用人民幣直接交收。這些正是我們背靠祖國、實行一國兩制受惠的地方。我要重申，一國兩制不是只是政治的，也包括經濟。國家有些事情做不到，例如開放人民幣，就透過香

攝於金銀業貿易場

港這個兩制的自由港，去慢慢開放。黃金貿易也有利於人民幣國際化。這就是我未來跟我的 CEO 團隊的目標、打拼的方向。

·金銀業貿易場的發展方向·

張：2010 年以來金銀業貿易場在 Haywood 帶領之下，有一些怎樣的創新？剛才你提到黃金貿易有利於人民幣走向國際化，可以具體講一下嗎？

熙：期望我們能夠在一帶一路上實行商品通，或者貴金屬通。雖然人民幣不能開放，但是在一國兩制下，國家可以給香港一個開放額度，作用就是告訴國際，香港是我們認可的自貿區，經濟開放會利用香港。我們就可以在一帶一路鋪開一條黃金白銀的走廊，這條走廊是跟國家密切互聯互通的，黃金白銀以離岸人民幣甚至在岸人民幣去結算，逐步流通。那麼如果賣出黃金，中東、杜拜、俄羅斯、印度、台灣、中國等賣家，可用人民幣或離岸人民幣結算，如果買入黃金，台幣也好，美元也好，換成離岸人民幣或在岸人民幣，我就能和你交易。這條走廊就造成了貨幣和硬貨幣的交易，我的硬貨幣就是黃金。這個硬貨幣到英國就變成英鎊，到國內就變成人民幣，到美國就變成美元。這就是硬貨幣黃金的特性。

張：講到硬貨幣，我想起另一個概念就是虛擬貨幣。我的感覺是上一代或年長的人才會買黃金，現在的年輕一輩會買虛擬貨幣。虛擬貨幣對於黃金和金銀業衝擊會不會很大？

熙：虛擬貨幣其實給了我們一個機會。我也追潮流，經常向年輕人了解虛擬貨幣怎麼玩、為甚麼這麼流行，我們想將黃金數碼化。黃金有幾個缺點：第一，買賣不方便；第二，儲存不方便，令投資者卻步。在方便性、可儲存性、以物易物三個方面，對黃金數碼化有利。

我們在五、六年前就開始設計將黃金數碼化，讓交易不限於店鋪內，過程艱辛，因為有很多監管問題，還要立例配合。等了三、四年，期間不同的虛擬貨幣迅速冒起，結果我們的機會走了。但是大家意識到，原來虛擬貨幣有炒升有炒跌，可以賺大錢可以虧大錢，所以現在發行與實物黃金一對一的數碼黃金就很有用了，現在我覺得機會來了。

我讀博士時寫的論文，是研究利用黃金將人民幣國際化。因為一帶一路把錢借了給外國做基建，讓人民幣

主持陳志輝（左）與嘉賓張德熙合照

在當地流通。我的宏願是同時建立一條黃金與人民幣的結算走廊，這也能令人民幣在一帶一路的國家更流通。

在國家層面，習近平主席也曾表示，要發揮數碼經濟、一國兩制和獨特的國際視野，把數碼資產大眾化。

·寄語年輕人·

張：我見到 Haywood 很關心年輕一代，你跟下屬或年輕一代的相處和溝通是怎麼樣的呢?

熙：只要眼界夠闊，心情便會開朗，凡事處之泰然。面對危機的時候，更要寬容，令下屬有一股正能量去度過難關。切勿執着於個別問題，要以大局為重，不要把煩惱傳染給下屬。這幾年我確實特別留意年輕人。形勢在轉變，大家很多時間把自己關在房間裏，在網上做人，當然很多人是在利用網絡創業發達。但是我覺得人與人之間的交往仍然是很重要的，你今天不需要，明天不需要，到你需要時要不到，就糟糕了。

張：領導人有不同的領導風格，你覺得自己是一個怎樣的領袖？

熙：我覺得我仍然在學習，人是永遠學不完的。有時我們覺得自己挺成功的，但是看到別人的成功可以高出那麼多。舉個例子，我很願意出海，當你駕船出海時，你覺得自己是個舵手；但出海後，你會覺得自己渺小得不堪。我就會告訴自己，要更加努力。這就是我的感受。

張：從讀寫障礙到讀了博士，可以看到你在終身學習上的堅持和努力。最後我想問問 Haywood，疫情對很多行業都有打擊，對你來說，有沒有一些難忘或困難的事情可以與我們分享？

熙：我們這個行業最困難的就是運輸。物流停頓，輸入金全部要停止。期貨金價曾經比現貨黃金高出 90 美元，很多槓桿投資者的金錢便化為烏有。油價合約甚至跌到低於零，多麼恐怖。這就是在金融體系，特別是衍生工具會出現的現象，可能令你全軍覆沒。所以我寄語金融產品投資者，槓桿千萬不要大，穩健為上。

張：Haywood 今天分享了很多，最後請他給我們介紹一本好書。

熙：我最喜愛的書籍，莫過於金庸的武俠小說《神鵰俠侶》。故事有感情、有打鬥、有奸賊、有忠良，還有歷史，能豐富知識。楊過和小龍女的故事非常感人、非常勵志，他們相互啟發、相互鼓勵，令我非常難忘。

張：今天我們深深感受到 Haywood 的能量，他的霸氣，他的正能量。張大俠能登上華山之巔，我想就是心態決定境界的體現。我們再一次以掌聲多謝今天的嘉賓 Haywood 張德熙。

07 與任景信對話

我覺得科技行業是很獨特的，就是不停地改變，而你的經驗很容易變成你的包袱。……所以每天你都要檢討、思考，究竟新的營運、新的挑戰、新的顛覆性的發展是怎樣的。

任景信（Peter）1985 年畢業於香港中文大學市場學系，投身 IT 界近四十年，緣分由一份暑期工開始。當年組裝電腦和暑期工的經驗，令他對資訊科技產生濃厚興趣，畢業之後入職大型顧問服務公司埃森哲。2018 年 4 月，Peter 出任數碼港行政總裁，之前曾任新意網集團有限公司執行董事及行政總裁，並且曾經在不同的資訊科技上市公司——包括貿易通電子貿易有限公司、科聯系統集團有限公司等出任高級管理職位。

資訊科技每兩三年就會經歷翻天覆地的變化，Peter 憑藉多年經驗，帶領團隊，推動行業發展及企業轉型，積極培育人才，透過數碼科技為香港經濟添注新動力。

左起
張璧賢、陳志輝、任景信

嘉賓　任景信（香港數碼港管理有限公司行政總裁）

主持　陳志輝、張璧賢

對話日期　二〇二三年十一月二十六日

本章重點

喜歡嘗試新事物的性格

難忘的第一份工作

創業的苦與樂

創業的九死一生

人生座右銘

加入數碼港的因緣

香港創科發展的大時代

怎樣部署自己去迎接變化

陳：陳志輝
張：張璧賢
任：任景信

·喜歡嘗試新事物的性格·

張：今天這位嘉賓進入IT界已四十年，緣分是從暑期工開始的。小時候很喜歡組裝電腦，會不會反映你很有好奇心，喜歡把東西整合的感覺？

任：當時沒有這樣想過，現在回頭來看，其實很多時候都是因為喜歡新的嘗試。做同一件事時間長了，就會覺得沒有挑戰，想改變一下。所以過去我的工作軌跡和人生的很多決定也是如此。有人說三歲定八十，真是這樣的。

張：你讀書非常厲害，數學很好。最後你選擇了和在座各位類近的學科，讀商科、市場學。為甚麼會有這樣的選擇，而不是修讀理科？

任：在我們那個年代，讀理科是很自然的。男孩子多數讀理科，女孩子讀文科，那時有很多科幻片，好像《星空奇遇記》等，全世界的氣氛是這樣的，因此渴望成為科學家或工程師，去創造一些東西。但到了進大學的時候，想得更多的是如何去到發展機會最大的範疇。當時市場學很新鮮，發展空間很大，令人嚮往。至今我仍覺得市場學原則讓我一生受用——要明白你的受眾在想甚麼。無論在自己的工作上、商業營運上，要看客戶的需求，在公司裏要逆位思考，幫你的老闆做事，令老闆成功，自然你就成功了。

·難忘的第一份工作·

張：你本身喜歡市場學，為甚麼畢業之後無緣無故去了IT界呢?

任：這個就要說到暑期工，我之前有組裝電腦的經驗，覺得原來科技可以讓你創造新的東西，這是最大的吸引力。當然也有一定的虛榮成分，因為那是一間世界首屈一指的國際顧問公司，每年在每間大學只招一至兩個人。有機會被它選上，當然覺得很榮幸。不過我進入公司沒多久，差一點走了。為甚麼呢? 我進入的這間公司是 Arthur Anderson，我覺得進顧問公司可以有很多高端的涉獵，可是進去做了兩個多星期的項目，只是負責影印。真的覺得莫名其妙，受不了，我就對經理講，如果繼續這樣下去，我可能會考慮其他的錄取 offer。

張：因為你當時有七個 offer，但選擇了這家顧問公司。

任：當時經理說了一番話，至今我仍然記得很清楚。他是比較火爆的上司，教訓得很好。他說，叫你去影印，不是純粹影印，影印的時候你要看看人家怎麼寫報告。如果只是影印的話，可以找其他的秘書、辦公室助理去做。

張：現在的年輕人會回答：你不說，我真的不知道。

任：不是現在，那時候我也一樣，他不說我也不知道，很容易就站在一邊去了。但是他說得對，其實你就是要從中學習人家怎麼寫報告，所以這是一個很好的學習經驗。

陳：剛才你談到讀書的時候的偶像，可否與我們分享一下？

任：第一份工作給我的影響最大。當時在一間世界級的顧問公司，裏面有很多高手，從每一位身上我都能學到很多東西，尤其是其中一位強人，一個 managing partner。我和他去做一個項目，我只是支援而已，真的是去提包的角色。提包的時候就觀察他，我現在仍歷歷在目。在車上大概有二十到二十五分鐘的車程，他不停地翻報告，準備給客戶做 presentation。當然他也熟悉那個專案的情況，但是報告很明顯不是他寫的。當時我們在報告上貼滿了告示貼，而他則不停問負責的經理：為甚麼你這麼寫？問得經理流汗了，惶恐不已。在很短的車程後，我們進入會場。哇，真是一場超級世紀秀。他用那二十多分鐘，就吸收了全部內容，然後以自己的方式演繹出來，而且講得很好，補回很多經理疏漏的東西，真的是高手。項目當然很成功。

陳：難得的是你從頭到尾看到整個過程，不只是提包。如果上司匯報時，你在睡覺、在玩手機，那就如入寶山，空手而回。

任：同一篇東西你看，別人也看，為甚麼別人看到這麼多東西呢，這就叫高手。

張：我今天也學到東西了，那就是提包不只是提包，影印不只是影印，酒店不是給你住的，可否分享一下？

任：那是一個很難忘的經驗。當時我們在中環做一個證券交易系統的項目，因為我們公司收費貴，所以通常是出了大問題，才輪到我們做。當時我們整個團隊，差不多兩至三個月的時間，每天睡覺平均三個小時左右，包括星期六、星期日，都在辦公室打地鋪睡覺。現在大家經常聽到，國內很多創科企業也是這樣。有一天收到一個好消息，合夥人看到我們這麼辛苦，便為我們在文華酒店租了房間，但不過是讓你洗澡而已，因為你只有兩三小時的休息時間。所以，我第一次住五星級酒店，主要用它的洗手間。

·創業的苦與樂·

陳：你可否舉一個例子，長大以後突然有一個想法，周圍的人都覺得不太可能，説：你有沒有搞錯？你傻了嗎？之後你用一些方法令別人接受，而且獲得成功。有這樣的例子嗎？

任：有無數的例子。每天做的事情差不多都是這樣。如果回頭看，我最違反常規做的一件事，是在三十多四十歲的時候，當時有一份相當穩定的工作，做營運總監，已經説明將會成為 CEO 了，但我還是想作新的嘗試，去創業。周圍所有人都説：你傻了嗎？為甚麼要放棄這麼多，去嘗試這麼大的挑戰？那時候大概是九十年代末，第一代互聯網興起的時候。

陳：噢，你這麼早就做互聯網了。創業有一個問題，就是往往沒有人做，而你剛結婚，快要有小孩，還去創甚麼業？我也很奇怪，認識你時你是 Cyberport 的 CEO，我真的不知道你曾經創業。但是看到介紹，你很小就創過業。你認識我一個朋友，他叫吳長勝，我曾在香港電台「管理新思維」節目訪問他，他是很聰明的人。我不知道他跟你有淵源，你們倆誰先創業？可否講一下？

任：我創業的時候剛剛有小孩，你要做好爸爸、好丈夫、好創業者，有很多衝突，至少是時間上的衝突。精神究竟要專注在哪裏呢？大家知道在 2000 年代初期，科網股爆破，大環境是很差的，要頂着熬過去。

吳先生是香港創業很成功的一個例子，當時科聯集團上市，我從在大企業工作轉出來自己創業。他來投資我們的公司，也注入了一些生意。從那時開始，我們就做第一代互聯網在科技領域的應用。多謝吳先生買回了所有我們的股份，整間公司融入了科聯集團，我在集團裏做行政人員，最後也成為科聯集團的 CEO，整個過程是收穫很大的。

我回頭看，覺得創業那段時間是人生最大的收益。現在我們把很多事情都看作挑戰，但其實最大的挑戰是創業。尤其你做的那些事情是沒有人做過的，當你每走一步，最大的挑戰是不知道正在遠離目標，還是接近了目標。當你進入一個完全新的營運模式、新的技術時，不肯定性是相當高的。為甚麼有很多創業家，尤其在科技領域，他們的成功有這麼大的回報？因為他們投入了相當大的努力，同時很有眼光，在很多人不成功時他能跑出，值得有這樣的回報。就算不是很大的金錢上的回報，也是人生的回報，很有姿采的回味和經驗。我自己就是，沒有甚麼金錢的回報，但是人生方面收穫很大。

·創業的九死一生·

陳：我試圖用另一個角度看創業的困難：第一，這場球賽，如果不難踢，我就沒有興趣，因為我就是喜歡這種衝擊，建立自己的事業王國，才有快樂的感覺，叫成就感。第二，要難，出來的產品才有用，才能創造出新的價值。如果太容易，早就做過了。說完正就想說負，不少人說創業是九死一生，你怎麼看這個問題？

任：我這樣看，抽離點去看，我覺得創業是沒得輸的，只會贏。你九死一生，所謂的死，就是沒有達到你預期的效果；但是在過程中，其實你得到很多，那一生也是因為九死的經驗才會有。很多的發明的模式，都通過多次嘗試。不是每次嘗試都是一個失敗，每次嘗試是讓你累積多一些經驗，令九十九次嘗試之後，第一百次成功或接近成功，或者達到一定預期的效果。中間這些其實是很好的經驗。所以我說沒得輸，每一次都是很好的經驗。

另一方面，我覺得科技行業是很獨特的，就是不停地改變，而你的經驗很容易變成你的包袱。你以為很熟悉這件事，但你就是壞在這件事上。大家在過去如果留意科技的發展，有很多名牌科技公司，它們有很輝煌的階段，但是現在可能倒閉了、品牌消失了，即使仍然存在，規模也相差很遠。所以每天你都要檢討、思考，究竟新的營運、新的挑戰、新的顛覆性的發展是怎樣的。

·人生座右銘·

張：你的人生座右銘是甚麼？

任：我的人生座右銘，一句英文，一句中文。英文我很相信「Life begins at the end of your comfort zone」，人就是這樣，在自己舒服的圈子裏，就會放慢、放鬆。人

錄影當日，眾人合照。

類的進步很多時候都是要跳出舒服的圈子，接受新的挑戰，嘗試新的事物，才可以推出新事物，我們才可以創造一個更好的世界。

另外一句中文座右銘，來自我第一份工作的收穫，也是整間公司的氣氛。現在我們經常說一句話：「沒有最好，只有更好。」我們對任何事情都應該有這個態度，投入多一點的時間、多一點的精力、多一點的資源時，事情永遠可以做得更好。這樣我們才可以不停地改進，改善現狀，讓人類更進步，也讓我們的人生更豐富多彩。

·加入數碼港的因緣·

張：數碼港這個平台，讓一班年輕人可以聚首一堂，為自己熱愛的事物努力。你加入數碼港的因緣又是怎樣的呢？

任：像剛才所說，有很多事情不是刻意的，但是冥冥之中好像有些安排。你發覺原來每一小步，其實都引領自己走向更大的一步，加起來就變成生命裏很重要的里程碑。你可以說是數碼港找我，也可以說是我找數碼港，其實都是有緣分。之前我在數碼港董事局做義務工作，做董事，發現數碼港是一個很有意思的平台，可以發揮得更加好。政府成立創科局之後，也很希望通過兩大平台——一個是科技園，一個是數碼港——做很多創科工作。我熟悉數碼港，也有在創科行業多年的背景，可以說是情投意合下，有了這樣的因緣。

工作中最大的樂趣是甚麼？數碼港的滿足感是甚麼？就是和創科公司商談，你真的會很佩服。不是我最初以為的，給他們多些機會作貢獻，反過來是他們貢獻給我，令我的眼界更加廣闊。噢，原來有這樣的妙計，可以這樣創業，竟然這樣也被他想到，我從他們身上得到很大的滿足感。無論是他們的創業精神、經歷分享，都令我更有信心、更有動力推動數碼港走向成功。

我經常覺得每個人應該將自己當作一塊海綿，去到哪裏都吸收東西，不適合就吐出來，起碼你先吸收了，留下變成自己的東西，可以帶走。當你遇到機會時，就會去把握。

·香港創科發展的大時代·

張：說到數碼港，有很多成功例子，譬如不少獨角獸公司。你滿不滿足於現在的成就？還是認為可以做得更好？你怎樣從嬰兒開始培養那些獨角獸公司，令它們成長呢？

任：我不覺得這些是數碼港的成就。真的是來自天時地利，加上大家努力的人和。你可以說數碼港在正確的時候、正確的平台，出現在這個大時代，累積了這麼多年的經驗，可以有機會引入這些獨角獸公司。在過去幾年，我們引入不少獨角獸公司，有 Klook、Animoca Brands，有已經上市的 GoGoX，也有金融虛擬銀行、金融科技公司，眾安、WeLab，大家也許在電視上看到廣告。當然有一些不完全是我們的培育計劃出來的，它來我們平台的時候，已經有一定的成績和體量了。

現在香港和世界都有很多變化，令香港很獨特的優勢突顯了出來。在國家兩種制度下，我們作為國際的視窗，更容易接軌，吸引很多人才來發展，這是很幸運的。老實說，香港要把握這個重要時機，在世界政治環境的大變化之下，在新的大時代之下，利用既有的優勢追回差距。我們在科技上未必如很多年前一樣領頭，但是我們現在絕對是有機會的。也就像剛才所說，科技變化得很快，之前你可能沒有領頭，不等於現在你不可以領頭，因為之前的東西可能已經被淘汰了，新的東西出來的時候，大家在同一起跑線，你走快兩步可以追得到，有危有機。

陳：剛才 Peter 說到，要把握時機。就算天時來了，十四五規劃，大灣區建設框架協議，一帶一路倡議，香港的地利是甚麼？可否跟我們分享一下，香港是不是有很多優勢，大家不需要過分憂慮？如果天時地利都已經來到，我們會不會失之交臂？做事艱難，只不過因為自己沒有思維、沒有幹勁。

任：回應教授之前，我想就剛才教授說的大時代多說兩句。如果宏觀去看，我們現在正站在從全球經濟變成區域經濟的轉折點。先不講政治方面，是不是每一個區域只能在自己的區域生長？當然不是。每一個區域都需要有不同的聯繫，香港是很好的聯繫人。過去這麼多年，香港的優勢就是有多年來累積的很好的聯繫網絡。我們也有成功的人才培育體制。香港是一間培育頂尖人才的工廠，不單本土，也有很多海外人才來這裏發展，在這裏上大學。當然還有很多其他的既有優勢，例如在法制上，在金融、數據、人才等方面自由流通的體制，有很好的國際視野。

香港不那麼有利的地方，現在變成了優勢。香港沒有很大的本土市場，但正因如此，香港過去一路的經濟發展，不是靠本土市場，而是靠做大國際市場和聯繫，所以香港已經習慣與其他海外的制度、標準相容。現在我們可以發揮這一長處，在龐大的九加二市場之下，香港作為一個國際中心、區域中心，有很好的發展機會。大家都看到國內面臨一定的經濟挑戰，不能純粹着眼本土市場去發展，也要看海外市場。其中一帶一路是很好的區域市場，可以發展，通過香港，使國內已經很有實力的公司跳出去，也可以通過香港，引進其他的人才和企業，在本土或大灣區這個市場發展。

·怎樣部署自己去迎接變化·

張：Peter 的員工有甚麼問題想趁這個機會提出？現在把時間交給數碼港的同事 Dan。

Dan：數碼港今年二十年了，我想問未來十年它的定位是怎麼樣的呢？

任：十年我真的說不出，因為世界變化得很快。如果說接下來的幾年，我還可以看得到。回答這個問題之前我想講一講，數碼港過去這二十年的經歷，大家可能會分成前十年和後十年，但是由於世界變化的速度愈來愈快，我反而覺得，如果從工作量來看，最初十五年和過去的五年，是差不多同等的，而接下來的兩三年就等於過去那五年。世界的變化很快速，所有事情的週期都短了，所以現在的挑戰大很多。接下來這幾年，我覺得很快大家會看到，很多策略性的香港創科基礎建設會出現，數碼港會扮演自己的重要角色。

陳：這裏我要說一句，你怎樣部署自己去迎接這個變化？第一，盡量吸收應該吸收的智慧，看書。不要經常浪費時間看一些無關痛癢、看起來很 sensational、刺激感官的東西。你的人生，你的培育，尤其是你要面對這麼艱難的情況，知識的吸收很重要。第二是建立人際網絡，令你不孤單，要有其他的網絡伴侶（partner）與你一起做。如果缺一，你會很辛苦；缺二呢，基本上只能抱頭痛哭。我就說這兩點。

任：教授很厲害，可以用深入淺出的比喻，講得很有趣味。我想補充一句，作為一個人，有時候很喜歡看有趣味性的東西，但是有趣味性的東西，不應純粹是感官享受的娛樂。你嘗試看看它背後，做到這麼強烈的感受效果，為甚麼能做出來呢？有很多學問。有時候我對兩個兒子講，有三個人一起掃地，一個十年之後繼續掃地，變成很有效率的掃地人；另一個在過程裏看到可以開一間清潔公司；第三個人做甚麼呢？他發明了吸塵機，將整個營運模式顛覆了。我們要看到這些背後的東西，探索背後的道理、背後的創造，使我們可以做同樣的東西，但是用不同的方法做，產生更大的影響和效果。

張：很感謝 Peter 今天的分享，謝謝你。現在我們請台下的觀眾直接與今天的 CEO 對話。

學生：我是第一屆大灣區商學院的學員楊志龍 Raymond。

主持陳志輝（左）與嘉賓任景信合照

我從事綠色創科的教育，也是數碼港的一員，非常感激 Peter 帶領團隊，為每一個創科界的朋友去實踐夢想。我有一個問題：作為創科的一員，我們怎樣去預備和實踐？未來的兩三年，在全球有這麼好的機遇，我們的國際創科中心在香港，我們怎樣去有效把握？想請問 Peter 可否分享一下？

任：這是一個很大的問題。其實沒有一個特定的、必勝的方程式。但是我想最基本要有的，是對事情的熱誠，以及怎樣去看大環境。譬如你剛才所說，你是專注做環保、綠色科技，這絕對是在大氣候下一定會發生的，因為已有很清晰的政策，無論是零碳排或碳中和，都已經有目標，一定會發生的。你正在做的事情起碼不會不清楚，一定會愈走愈近。問題是你走近了，不等於這條路很短或很長。你走得好，這條路可以短很多。如何使這條路走得更加成功，就要看剛才所說的人才，自己的班底的熱情，還有我們怎樣找到好的策略性的投資者。我覺得這很重要，大家很多時候忽略了投資人，覺得他純粹只是給你錢，其實絕對不是的。尤其是在初創企業裏，策略性的投資者帶來的不僅是資金，更重要是它帶來一個網絡。它不只是投資你這一家公司，它投資了很多其他公司的時候，怎樣使大家之間有協同效應，令你們的網絡可以互補，更加擴展你們的業務？當然它一定會逼你，有人不停鞭策你，這是很大的幫助。因為人如果不是不停被鞭策，不停被提供新的標準，你會覺得已經做得足夠。這些策略性的投資者幫助很大。所以簡單說來，我們一定要順應大環境，要有很好的人才匯聚，這幫人也需要很有熱誠，而且還要有很重要的策略伙伴或投資者。

張：很感謝任景信 Peter 的分享。感謝你今天和我們有這麼多層面的討論，我們希望送一首歌給你作為答謝。有請我們的同學。

學生：我是 CUHK EMBA 2025 的學生 Jermaine。很感謝 Peter 和陳教授的分享。今晚深深體會到 Peter 的金句，「沒有最好，只有更好」的探索魄力，所以想藉着 Beyond 的〈海闊天空〉，與大家互勉，希望大家繼續勇於嘗試、珍惜機會和不斷進步，尋找自己的一片海闊天空。

08

與陳啟宗對話

香港由於歷史的原因，相當大程度上限制自己在一個城市，這是絕對不合理，也很愚蠢的。回歸已經二十六、二十七年了，我希望香港是時候把視野擴大，不要只以香港作本位。

陳啟宗（Ronnie），美國南加州大學工商管理學碩士。1972 年，加盟由父親陳曾熙於 1960 年創辦的恒隆集團。1991 年，出任恒隆集團及恒隆地產的董事長。

自 1992 年起恒隆業務擴展至中國內地，在多個重點城市發展、持有和管理世界級大型商業群項目。Ronnie 亦為晨興集團的聯席創辦人。晨興於 1986 年成立，是一家多元化的投資集團，在北美、亞洲、歐洲及中國內地均有業務，是香港和內地從事私募股權和風險資本投資的先導者之一，投資包括項目中國科技媒體通訊和環球生物科技，亦為小米、快手等獨角獸公司背後的早期投資者。

同時，Ronnie 積極參與非營利機構活動，現為亞洲協會香港中心主席，亞洲公益事業研究中心聯合創始人兼理事長，香港明天更好基金執行委員會主席，香港發展論壇召集人，香港中國文物保護基金會創辦人兼會長，北京故宮文物保護基金會發起人及理事，以及中國發展研究基金會理事會原副會長及顧問。

左起
張璧賢、何翠峰、陳志輝、
陳啟宗

嘉賓　陳啟宗（恒隆地產有限公司董事長）
主持　陳志輝、張璧賢
對話日期　二〇二三年十二月三日

本章重點

百年大變局下香港的危機和自處

智慧來源：結識高人、讀好書和求知欲

香港房地產：此熊不再是彼熊

晨興集團的歷史

家族傳承及社會奉獻

明天更好基金會：培養年輕一代的國家認同感

亞洲協會：工作中的學習和交往

對年輕朋友的忠告和建議

陳：陳志輝
張：張璧賢
宗：陳啟宗

·百年大變局下香港的危機和自處·

張：近年我們在經歷百年未遇的大變局，作為小小的升斗市民，可以做些甚麼呢？可不可以將面對的「危」變成「機」？我們怎樣自處？

宗：我希望你說得對，將「危」變「機」。這個「危」躲避得了已經不錯了。今天這個「危」不是一般循環性的危機，而是一個系統性的大改變。在這個大改變中，它變了，你不變，你就糟糕了。所以我說香港第一件事是甚麼？是自保。舉一個例子，香港最主要的產業是甚麼？金融。如果今天美國不打擊香港的金融，它就不是美國了。沒可能不打擊你。香港作為一個金融中心，對香港好，對國家好，對區域都好，是很有利的一塊肥豬肉，不可能不打擊你。香港人有沒有考慮此事？有沒有去防衛此事？而這件事是甚麼性質？我說它是國防的一部分，不只是開槍「砰砰」那種國防。今天金融戰、網絡戰、科技戰、貿易戰，都是戰爭的一部分，還有駭客。所以香港金融怎麼自保，是一個很大的議題，這不僅只是為了香港，也是為了國家。對於這個問題是不是仍要這麼執着，說這些東西不是國防、不是外交，香港可以自行解決？你沒有出事，就以為自己可以解決，到了被人打擊的時候，你才知道未必解決得了。我們試過一次，1997 年的亞洲金融危機，雖然當年香港搞定，因為時任特首董建華先生真的做了一件很好的事，保護港元，不需要北京出手，但是下次怎樣？有備就無患，你沒有準備就很麻煩。所以香港可以說到了一個極度危難的時候，而這不只是香港的問題，是整個國家的問題，也是整個世界的問題。

張：Ronnie 剛才坦誠的分享，相當悲觀，但是我不過是一個的士司機或茶樓職員，世界大格局的問題，對於我來說實在太遙遠了。金融行業當然是香港經濟的命脈，但從業員佔勞動人口的百分比不是很高。作為香港的一般市民，且不說如何轉危為機，我們應該如何自保？Ronnie 有何高見？

宗：首先，老百姓應該知道，要有更深入的認識。比如說在中國內地，政府的社論、社評等，其實是一個教育老百姓的過程。新加坡也一樣，它很擅長怎樣用巧妙的方法，把市民或公民帶往某一個思維，比如某個部長出來說甚麼，甚至總理出來說甚麼等等。香港這方面是沒有的，這是很吃虧的。

而受影響的不只是金融業這麼簡單。金融業僱用人數佔 7% 左右，但是 GDP 佔近 20%。不要忘記由此帶動的第二梯次、第三梯次的影響很重要。例如的士司機，金融業景氣好的時候，他們的日子也好很多。所謂升斗市民說與我何干？其實與你的生活息息相關，與你有沒有飯吃息息相關。

·智慧來源：結識高人、讀好書和求知欲·

陳：剛才 Ronnie 說的資訊，就算我們開計程車也好、是升斗市民也好，都和我們息息相關。我們有這麼多資訊，譬如會看韓劇，看很多有趣的資訊、直播，經常對着手機，卻永遠掌握不到剛才 Ronnie 所說的。如果想了解九段線是甚麼、南海問題、中美角力等等，面對這麼大量的資訊，我怎樣可以找到正確的資訊，成為更有智慧的人呢？

宗：首先，喜歡在網上看韓劇，沒甚麼大不了的，是好事，不是問題。但問題是甚麼呢，是社會上總要有些人認識這些東西，而且能夠將知識帶給一般市民。我覺得這是很重要的。你的問題是怎樣提升自己，我說最重要是要有師傅。很少人厲害得可以自己悟出很多道理，總是有一些老師、教授、前輩在某些方面特別厲害。我為甚麼坐十五個小時飛機去紐約，下了飛機還坐五個小時的車，去和人吃飯、聊兩三個小時？因為這樣的人很少，在他的領域裏是很厲害的。

陳：那你怎麼知道有這個人的存在呢？

宗：這個人是我從前認識的。講得比較白一點，有錢是有幫助的，人家至少不會說不，至少會給你一點機會。但問題是，錢能夠替你開門，但是不能讓這道門持續打開。你見到一個厲害的人，但你水平不夠，見到他的時候甚麼都不懂，問的問題都是垃圾，那他也不會跟你談。你要有一些東西是他沒有的，才會令他感興趣。譬如說，為甚麼這些人願意跟我聊天？因為我有亞洲的視野，這些是他們想聽的。我問你十個問題，你問我三個問題，那我也划算，然後你要逐漸建立關係，建立別人對你的信任，以及你對別人的信任。

剛才說的這位朋友，他是 1972 年美國總統尼克遜訪問中國時的首席翻譯官，當年二十九歲，現在八十歲，身體不好。世界上在任何領域都有一些厲害的人，有機會就要向一些最厲害的人學習。你不要找一些無關重要的人。我認識一些朋友，就用手機找資料，這個無可厚非，但是你不要這麼簡單相信別人說甚麼。可能一百句裏只有一句值得你聽，九十九句是垃圾。你聽完一百句不知道哪一句是正確的，那九十九句垃圾就充斥了你的腦袋。所以找到一位師傅是人生樂事。如果你能在某個有興趣或者對你很重要的領域，找到一兩位師傅，真的三生有幸。千萬不要放過機會。

張：説到這件樂事，首先你覺得學習是一件樂事，才是最重要的。很多時候我們不是不明白有高人，不是不知道書籍的重要性，而是你有沒有那種求知欲。對於 Ronnie 來説，你覺得求知欲是與生俱來，還是可以鍛練出來的？

宗：求知欲很重要，但是求知欲是知道甚麼？有一些女士很想知道絲綢是怎麼製作的，也好啊，她可能成為絲綢專家。我有空的話，我也跟你學一下。無論如何，不管你的求知欲在哪一方面，總應該有一些；多動腦，說不定也會長命一點。就算不能長命，至少晚一點退化，也是好事。

張：雖然 Ronnie 説很少看書，但我覺得你太謙虛了。記得有一次到你的辦公室，看到辦公室後面全部都是很厚的書，絕對不像我們平時看的消閒娛樂小説。除了剛才提到李光耀的回憶錄或基辛格的書，有沒有一些你經常翻看的書籍，可以推介給我們？

宗：我每天看《聖經》，因為有很大的智慧，不只是心靈慰藉，也非常理性，既有哲學問題，也有道德問題。所以是功夫無限，每天看一下對你也有好處。

·香港房地產：此熊不再是彼熊·

張：想請教一下房地產的問題。恒隆1960年成立以來，見證了香港經濟以至大環境的多次高低起伏，經歷了很多個週期。面對房地產低迷，發展商各有不同的應對策略，例如考慮減價等。你怎麼看現在香港的房地產問題，或者怎麼看目前的投資環境?

宗：幾年前在中國內地有一位女士在一個大會上問過這個問題。她說，陳先生，你說過熊市是買地的好機會。我說是，不過此熊不是彼熊。今年這隻熊跟從前的熊很不同。從前的熊市買地是對的，但今天這個熊市，我勸你小心一點為好。換言之，有一個情況出現，不再是循環性的上下，而是系統性、方向性的大轉變。我認為今天香港這個市場怎樣呢? 幾十年來我沒有見到香港的土地是足夠的，從來沒有。但是未來這幾年，我認為很可能土地供應終於足夠了。這是五十年來沒有出現過的情況，可能今天會見到。如果你還是用從前的思維，去考慮今天這隻熊，會有些危險性。當然我也可能錯了，如果我沒錯的話，那今天是一個很嚴峻的時候，要非常審慎。

陳：我們今天聽到陳先生的忠告，他的話非常有參考價值。為甚麼這麼說? 因為很多時候他都會有出奇制勝、高瞻遠矚的看法。譬如在樓市最不景氣的1997年，我們看到恒隆的投資策略，它在九十年代初就已經轉攻內地市場的一二線城市。當時為甚麼你會有這樣的舉措?

宗：其實這個舉措對我們來說不是一個好的例子，因為我們在七十年代、八十年代做了很多錯誤的決定，九十年代初的時候已經很難追回，甚至可以說沒辦法追，所以只能另闢一個戰場。當年很少人去內地投資，我們經過一段很長時間的研究，覺得內地市場說不定也不錯，所以就決定進去。進去幾年之後就發現，幸好進來了，沒有進來就會吃虧。再加上，用英文說就是有一個 push factor、一個 pull factor —— 有些原因是被人推，有些原因是被人拉。內地市場很大，是拉我們的吸力；另一方面，也可以說我們在香港被人推出去，或者不是被人推出去，是被自己推出去。因為我們七十年代、八十年代做錯，沒有利用那個大牛市、沒有建立土地儲備等等。所以你說我們被迫也對，自願又對，兩方面都對。

·晨興集團的歷史·

張：目前香港愈來愈着墨於創科方面的發展。Ronnie 在地產行業以外，也跟創科、跟投資很有關係。不知道大家有沒有聽到 Ronnie 的介紹，我們說的小米、快手等，他是最早期的投資者。他在 1986 年創立晨興集團，對內地很多 startups 都有份參與投資。當時為甚麼有這麼大的轉變，由房地產走到內地成立晨興集團?

宗：這裏有一點誤解，其實我家幾十年前、從 1960 年代開始已經雙管齊下。房地產是很重要的部分，但絕對不是我們的全部。另外一半是甚麼? 沒有人知道，只有我們父子倆、家裏幾個人知道。那些東西慢慢發展成為所謂的晨興。人們說晨興是 1986 年創辦的，其實不應該這麼說。1986 年我們才開始用晨興這個名字，但是之前用別的名字已經做了二十多年，只是沒有人知道而已。比如說我們做高風險投資，最早是 1975 年，就是四十八年前，去中東的時候。中國內地過去二十多年科技方面的發展很快，我們已經多少累積了經驗，所以對我們來說，投資這些東西不是一件很新的事物。

‧家族傳承及社會奉獻‧

陳：說到晨興，我感到很親切，中文大學有一間學院名為晨興書院。Ronnie 出名喜歡數學，很支持數學厲害的人。究竟做這類事情是因為機構有需要，還是機構的領導人覺得對社會有用？為甚麼投入這麼多資金去辦教育？

宗：我們家裏不太相信父傳子、子傳孫。錢不是為了下一代，是為了社會。所以爸爸去世的時候沒有留錢給我們。他想留，我就說我不需要了，謝謝。我不可以代表兩個弟弟說話，問了他們，大家都覺得沒有這個需要，所以就不拿了。拿來做甚麼？就捐了它。當然我們都不窮，所以不需要同情。我們生活得很舒適。但是很多人覺得要把錢放在自己的名下才對。90% 的人很難勝過欲望。我們從小到大的家庭教育是，錢不是那麼重要，夠用就可以了，於是就捐了它。捐錢也很有學問的，怎麼捐？捐給誰？用來做甚麼？我們幾兄弟各自各精彩。很多人知道我在故宮做了一些修葺工作。我入宮已經二十九年，到今天都還沒出宮，還在做。

陳：為甚麼選擇這個項目？是不是為了名譽？做這件事是為了甚麼呢？

宗：我想去西安、河南那裏做，誰知某天有個人介紹這個項目給我。哇，我大吃一驚，故宮竟然有塊空地，這是很有價值的。當時故宮博物院院長鄭欣淼先生說：陳先生，在裏面給你做個像。我說不要這樣，做個匾，不要，牌也不要，沒有甚麼用，我甚麼都不要。這是中華文明五千年的結晶，你把自己的名字放在裏面就真是太沒有意思了。名留青史？做人一輩子，何必對自己的名字這麼執着呢。我有一個弟弟做音樂，他是家裏唯一不懂彈琴、不懂拉琴的兄弟，但是很喜歡音樂。他做了一個項目叫做晨興音樂橋，每年帶三十個內地的年輕音樂家，十二到十八歲，經過考核，帶他們去加拿大，和當地的三十個年輕音樂家住在一起，找一些大師級人物教導他們。這個項目愈做愈大，做到以色列想加入，韓國想加入，日本、歐洲、很多地方都想加入。但是我們保持相當部分是中國的年輕人。音樂橋訓練了很多十分優秀的音樂家，在香港經常聽到寧峰拉小提琴、王羽佳彈琴，他們都是我們的學生，這個項目很有意義、很有價值。

·明天更好基金會：培養年輕一代的國家認同感·

張：聽到 Ronnie 參與這麼多慈善事業，就知道他多麼重視年輕人的未來。談到一些「不務正業」的地方，我們見到 Ronnie 的眼睛發亮；談到房地產或投資，他會悠悠道出一些觀察。但是當我們談到晨興、談到他在故宮的修葺工作，當我們在亞洲協會香港中心，見到他眉飛色舞，你就知道他投放了多少心血在當中。在明天更好基金會，Ronnie 帶了很多年輕朋友去開闊眼界，你希望這些小朋友可以知道些甚麼？

宗：1997 年，董建華先生叫我重新組織明天更好基金會，我說最好對外說香港「一國兩制」的故事。董先生很認同，就這樣開始了我們的歷程。基金會做了很多對外溝通的工作，就是今天所謂的民間外交。但是我們覺得也不能忘記香港的自己人。基金會的總裁鄧淑德女士 2006 年有一天來找我，說可不可以為香港的中學生辦一個外交知識競賽，讓他們從外交方面對國家有認同感。我覺得很有意思，一口答應了。還記得我在第一屆開幕典禮上講了一句話，希望看到三十年之後，有一個中國的外交部部長是香港人，是從香港出去的。能夠做到國家的外交部部長是最高境界和榮譽。曾幾何時中國曾經有一個外交部部長是香港出去的。你知不知道？是 1921 年的伍廷芳，所以這不是天方夜譚。

但是最重要的目的不是這個，最重要的是讓香港的年輕人有國家認同感。香港這個地方很特別，1997 年之前是英國佔領的地方，但是它又不認你，你想做英國公民，它不讓你做，它怕你有國家認同感，你認中國，會對英國人有意見。你認英國人，它又不想認你。所以香港製造了一班人，完全沒有國家認同感，沒有國家意識。這是香港人獨特的地方，有好也有不好。但總體來說，不可以持續下去，香港遲早要人心回歸，其中一定要有國家認同感。這項活動從外交管道去幫助香港的年輕人培養國家認同，我覺得是很有可為的事情，我一做便做了十幾年。

·亞洲協會：工作中的學習和交往·

陳：關於亞洲協會的工作，我約 Ronnie 時，他總是說：你不要上我公司，你去亞洲協會吧。他在亞洲協會遠多於在自己公司，這也是「不務正業」的表現。我的問題是，為甚麼要做亞洲協會？很花時間的。

宗：但是我可以告訴你，我做這項工作，對我的公司很有幫助。如果不是這樣，我不會對今天的世界有比較全

於亞洲協會香港中心總部利國偉廳外合照，左起：陳啟宗、陳志輝、張璧賢。

面的認識。比如說印度，還記得二十八、二十九年前，我想去認識印度，因為那是一個大國。怎麼辦呢？當年亞洲協會總部的一位常務副總裁是印度問題專家，美國人。他的博士學位是在美國讀書，但在印度做研究。我說我想認識印度，他說那很簡單，我跟你一起去印度。我和他一起去印度，住在一間酒店，每天下午他就請不同的朋友來 Clubhouse 房間和我們聊天，讓我問問題。我當年甚麼都不懂，從他那裏學習。吃飯的時候就和這位副總裁聊天，因為我是董事會成員，他不會不理我。所以有多幾個錢是重要的，問題是你怎麼使用。我對印度剛開始的認識就是這樣來的。到後來我在印度的很多會議做過聯席主席等，都是學習的過程。別人以為你是去出風頭。我是那個大會的主席，很多人就想來見我，我就選擇，哪個是厲害的人。好了，開完會下午和他喝杯茶，我才知道他是甚麼水準，這個人行不行、能不能做我的老師，我就學到很多東西。當然有些人只想認識大人物，拍張照，握握手，沒甚麼意思，我不是很有興趣。我有興趣的是知道裏面有甚麼東西。人家知道你是大會主席，都會找到你，和你聊天。你就有兩分鐘、三分鐘。我的資料從哪裏來呢？從甲那裏、乙那裏、丙那裏來，放在一起。人們覺得，噢，這個小陳有些想法，他才會跟你聊天，聊天才會學到東西。

·對年輕朋友的忠告和建議·

張：我知道 Ronnie 很重視年輕人的發展，最後想問一下，近年政府對於香港的定位、產業有很多討論，譬如再工業化、創科等。創科是近年香港的年輕人熱衷發展的事業，Ronnie 是很在行的。你怎麼看香港這方面的發展？

宗：香港沒有理由在這方面不可以有人才出現。香港的人才當然是很厲害的，我一向都說香港有兩個產業，一個是金融，一個是大學。香港的學校，我就當它是一個產業，那裏一定會有很多人才。但是香港有幾個問題：第一，就是成功的例子不多。在房地產賺到錢的人很多，都有榜樣，但是在創科成功的人就不是那麼多。第二，香港的市場很小，香港只有七八百萬人而已，所以市場不夠大，你就不可能在科技行業有大發展。所以我說香港人一定要學普通話，因為內地的市場幾乎可以說是無限大。你要去內地發展的話，普通話一定要好；普通話不好，就會吃虧。

作為一個社會，政府也好，私人也好，有識之士應該鼓勵社會，盡快在下一代要用流利的普通話。要流利到甚麼程度？我說要流利到做夢用普通話，這樣就行了。這不是沒有可能的事，我自己就會衝口而出。我問太太，你有沒有聽過我說夢話？她說有。說甚麼話？甚麼話都說，廣東話、英文、普通話。老實說，廣東話很傳神，值得保留。但是廣東話不是那麼好聽。普通話就真的很好聽，特別是北方的普通話。全世界最好聽的語言，一個是法文，一個就是普通話。那麼美麗的東西，為甚麼你不可以學好一點呢？我一向勸香港年輕人，一定要把普通話學好。否則你不發達、你不成功，成功不僅是金錢方面的。這麼大的一個機會，中國內地的大發展就在我們門口，而且國家是很願意讓你們去那裏成功的。你自己不去，不肯付那個代價學好語言，那你怪誰呢？

張：台下 EMBA 和大灣區商學院的同學有問題，想直接問今天的嘉賓 Ronnie。

學生：我想問問在大灣區構想這個角度，你怎麼看香港本土發展的問題？

宗：香港由於歷史的原因，相當大程度上限制自己在一個城市，這是絕對不合理，也很愚蠢的。回歸已經二十六、二十七年了，我希望香港是時候把視野擴大，不要只以香港作本位。你回香港，香港的美食好吃，沒有人叫你放棄香港。但是你想不想發達，想不想成功，想不想有更大的機會？我說你不去大灣區，不去全國，不去整個區域，你不要怪別人。不要將自己限制在香港為本位，要將自己的本位擴大。

陳：成語叫做「畫地為牢」。大丈夫把自己困在牢中，最後變成小人物。

張：我們這個系列快到二十周年了。你對二十年後的香港有甚麼看法或宏願呢？

宗：宏願就不敢說了。我不能代表香港說話，我只是 740 萬人的其中一個。現在世界變化很快，情況很複雜，別說十年，十個月我都不敢說。所以我認為今天不是大發展的時期，今天是保命、保本的時候。你今天還想去大發展，是難上加難，是有很大風險的。當然對年輕人說這個是不中聽的，他們會說：你們當年有很多機會，今天輪到我的時候就沒有機會，不合理的。

張：那他唯有躺平了？

宗：那也不是，躺平就死定了。你要保命、保本是很不容易的一件事。我覺得今天我這句話很多人不中聽：今天不是大發展的時期，要韜光養晦，等到時機來臨，才是一飛沖天的時候。

立己立人
與CEO對話

編著　陳志輝　潘嘉陽
麥婉君　謝利

責任編輯　張佩兒
裝幀設計　陳佩珍
排　　版　陳美連
印　　務　周展棚

出版
中華書局（香港）有限公司
香港北角英皇道 499 號北角工業大廈 1 樓 B
電話：（852）2137 2338
傳真：（852）2713 8202
電子郵件：info@chunghwabook.com.hk
網址：http://www.chunghwabook.com.hk

香港管理學院出版社
香港中環域多利皇后街 9 號中商大廈 6 樓
電話：（852）2334 8282
電子郵件：info@hkaom.edu.hk
網址：https://www.hkaom.edu.hk

發行
香港聯合書刊物流有限公司
香港新界荃灣德士古道 220-248 號
荃灣工業中心 16 樓
電話：（852）2150 2100
傳真：（852）2407 3062
電子郵件：info@suplogistics.com.hk

版次
2025 年 8 月初版

規格
特 16 開（223mm x 152mm）

ISBN
978-988-8913-61-9